엄마는 궁금하다, SW코딩 교육이 뭔지

엄마는 궁금하다, SW 코딩 교육이 뭔지

발행일   2015년 6월 29일

지은이   박 은 정
펴낸이   손 형 국
펴낸곳   (주)북랩
편집인   선일영   편집   서대종, 이소현, 이은지
디자인   이현수, 윤미리내, 최연실, 임혜수   제작   박기성, 황동현, 구성우, 이탄석
마케팅   김회란, 박진관, 이희정, 김아름
출판등록   2004. 12. 1(제2012-000051호)
주소   서울시 금천구 가산디지털 1로 168, 우림라이온스밸리 B동 B113, 114호
홈페이지   www.book.co.kr
전화번호   (02)2026-5777   팩스   (02)2026-5747

ISBN   979-11-5585-640-6 13560 (종이책)   979-11-5585-641-3 15560 (전자책)

이 도서의 국립중앙도서관 출판예정도서목록(CIP)은 서지정보유통지원시스템 홈페이지(http://seoji.nl.go.kr)와
국가자료공동목록시스템(http://www.nl.go.kr/kolisnet)에서 이용하실 수 있습니다.
(CIP제어번호 :CIP2015017425)

엄마는 궁금하다, SW 코딩 교육이 뭔지

SW코딩

하루 한시간 코딩

스크래치

소프트웨어야 놀자

아두이노

박은정 지음

북랩 book Lab

도대체 소프트웨어(SW) 코딩 교육을 왜?

최근 전 세계적으로 SW 코딩 교육에 대한 관심이 높아지고 있다. 미국은 '하루 한 시간 코딩(Hour Of Code)' 캠페인을 위해 버락 오바마 미 대통령까지 인터뷰에 나서, 게임만 하지 말고 직접 프로그래밍을 해보라고 권하고 있다. 영국은 2014년 9월부터 SW 코딩을 과목으로 채택해 초·중·고등학교 정규교육으로 배운다. 우리나라도 2015년 교육 개정을 통해 초·중·고등학교에 SW 코딩 교육이 도입될 예정이라고 한다.

그런데 남들이 하니까 따라 해야 하는가? 지난 15년 동안 SW를 개발했던 프로그래머인 나도 배우기 힘들었던 것을 도대체 왜 어린아이들까지 배워야 하나? 꼬리에 꼬리를 무는 질문이 생겼다.

엄마는 궁금하다.

'도대체 소프트웨어 코딩 교육이 뭔지?'

'소프트웨어 코딩 공부한다고 게임이나 더 하는 건 아냐?'

'이거 학원 하나 더 보내야 하나?'

아빠는 궁금하다.

'프로그래머 하면 밥벌이는 제대로 할 수 있으려나?'

'SW 코딩 과목을 잘 한다는데 프로그래머 시켜야 되는 건가?'

'나도 잘 모르는데 공부 어렵다고 물어보면 어쩌나?'

IT나 SW에 대해 잘 모르는 엄마, 아빠도 내 아이가 받게 될 SW 교육에 대해 궁금한 것이 많다. 과연 SW 코딩 교육이 왜 필요하고, 어떻게 해야 제대로 교육할 수 있는지, SW 교육의 궁극적인 목적을 어디다 두어야 하는지 학부모 입장에서 속 시원하게 설명해 줄 길잡이가 없다. 나 역시 궁금하여 신문 기사, 국내외 논문, 블로그 등을 찾아보며 자료를 수집했다.

'도대체 왜?'라며 호기심과 궁금증으로 시작했던 일에 관심과 애정이 생기고, 결국 '이건 꼭 해야 해!'라는 확신이 나에게 생겼다. 이제부터 그 과정들을 하나하나 펼쳐 보겠다.

1장은 SW 코딩 교육 의무화 소식과 함께 SW 교육에 대한 산업계, 교육계, 학부모들의 엇갈리는 시선을 담아보았다. 한국의 SW

산업현실과 이전의 SW 교육과 새로운 SW 교육이 어떻게 달라지는지, 무엇이 의미 있는 변화인지 살펴보자.

2장은 SW 교육을 배워야 하는 이유와 의미를 설명한다. 우리 아이들이 살아갈 미래 사회는 어떤 모습일지 가장 주목 받는 IT 키워드를 중심으로 살펴보고, 우리 아이들 세대의 특징을 대표하는 '디지털 네이티브 세대'의 의미와 그들에게 필요한 컴퓨팅 사고력이 어떤 개념인지 알아보자.

3장은 세계적 추세가 된 SW 교육 열풍을 소개하고, 미국과 영국의 컴퓨팅 과목의 커리큘럼을 상세히 분석하며 교육의 내용과 의미를 짚어 보았다. 2015년 2월에 발표된 '소프트웨어 교육 운영지침'을 기반으로 국내 커리큘럼의 구성을 분석하여 문제점을 제시했다.

4장은 SW 교육의 구체적인 교육 방법들로 언플러그드(UnPluged) 활동, 교육용 프로그래밍 언어(EPL), 피지컬 컴퓨팅을 살펴보았다. 아울러 대표적인 교육용 프로그래밍 언어인 스크래치(Scratch)에 대해 기본적 구성과 맛보기, 스크래치를 할 수 있는 여러 프로그램을 소개한다.

5장은 SW 교육을 제대로 하기 위해 '제대로 된 SW 교육의 의미'

를 살펴보고, 우리가 가야 하는 SW 교육의 방향을 제시한다. 쉽고, 재미있는 SW 교육을 위해 스토리가 있는 소프트웨어, 스토리 기반 소프트웨어가 무엇인지 살펴보고, 창의적인 SW 교육을 위해 스토리를 가지고 노는 방법을 제안한다. 우리 아이들의 머릿속 상상의 공작소에서 생각을 꺼내는 구체적 방법을 알아보자.

6장은 부모로서 SW 교육을 진행할 때 바라는 마음을 담아보았다. 지나친 성공중심이 아니라 관점중심으로 바라보는 교육, 창의성의 토대가 되는 다양성의 가치, 여유와 놀이의 중요성, 하루 한 시간 코딩이 가져오는 변화와 Maker 운동을 통해 생각, 상상이 현실을 만드는 창조시대의 도래에 SW의 중요성을 설명한다.

이 책을 쓰면서 글쓰기 원칙으로 두 가지를 생각했다.

1. 쉽게 쓰자

어떤 엄마들은 인터넷 쇼핑뿐만 아니라 해외사이트에서 가격비교도 하고, 직구(직접구매)도 능숙하다. 반대로 아직도 국내 인터넷 쇼핑몰에서조차 구매를 못 하는 엄마들도 많이 있다. IT나 소프트웨어를 모르는 엄마들도 이해할 수 있도록 용어나 개념들을 가능한 쉽게 설명하자. 어려운 IT 용어의 의미를 이해할 수 있도록 '발칙한 해석'으로 쉽게 설명했다. 예시도 엄마들이 이해하기 쉬운 요리와 관련된 것으로 마련했다. 15년간 SW 프로그래머로 생활하며 겪었던 생생한 SW 현장의 이야기도 담았다. 엄마뿐 아니라 SW를 처음 접하는 독자들도 즐겁게 읽을 수 있으리라 생각한다.

2. 관점을 갖고 쓰자

인터넷에는 SW 코딩 교육과 관련된 수많은 사이트와 정보들이 있다. 단순히 인터넷에 널려있는 수많은 정보들을 그저 모아 놓은 것으로 만족하지 말고, 그것이 의미하는 바가 무엇인지 나의 관점을 가지고 설명해보자. 나만의 인사이트(insight)를 펼쳐보자. 엄마로서, 잘 모르는 분야에 대해 '아, 이런 것은 대략 이렇게 보면 되겠구나' 하는 나 나름의 생각정리라고 할 수 있다.

평범한 엄마가 한 권의 책을 쓰기까지 쉽지 않은 여정이었다. 새로운 도전에 '그만 둘까?' 하는 갈등과 고민이 많았지만, 그때마다 책을 통해 나에게 용기와 힘을 주셨던 분들이 있다.

꿈을 포기하지 말고, 꿈을 이루어가는 엄마가 되라고 했던 스타강사 김미경 선생님, 책을 읽기만 하지 말고 쓰라고, 쓸 수 있다고 쉼 없이 귓가를 맴돌며 북돋워 주었던 1만 권 독서 김병완 선생님, 이제 자아의 신화를 찾아 바다를 건너가야 할 때라고 나의 손에 우림과 툼밈을 쥐어 주었던 《연금술사》의 파울로 코엘료에게 진심으로 감사 드린다.

그리고 그간의 많은 시행착오에도 불구하고 어느 날 '나 책 쓸래'라는 생뚱맞은 아내의 말에도 '그래 해봐'라며 변함없는 지지를 보내주었던 나의 낭군님께 감사와 존경을 보낸다. 엄마가 글 쓴다고 매일 똑같은 반찬, 조미료 범벅의 국을 끓여줘도 잘 먹고 잘 자라는 서준이와 승준이에게 미안하고 고마운 마음을 전한다.

이 책은 전직 SW 프로그래머이자 두 아이의 엄마로서 내가 SW 코딩을 어떻게 바라보고, 내 아이를 어떻게 교육시킬지 나의 시선을 정리하고 비전을 확인하는 여정의 결과물이다. 나와 같은 고민을 하는 많은 부모들이, SW 교육에 관심을 갖고 고민하는 분들이 새로운 생각을 시작할 수 있는 자그마한 디딤돌이 되고 싶다.

2015년 6월 서울의 흐린 하늘 아래서

차 례

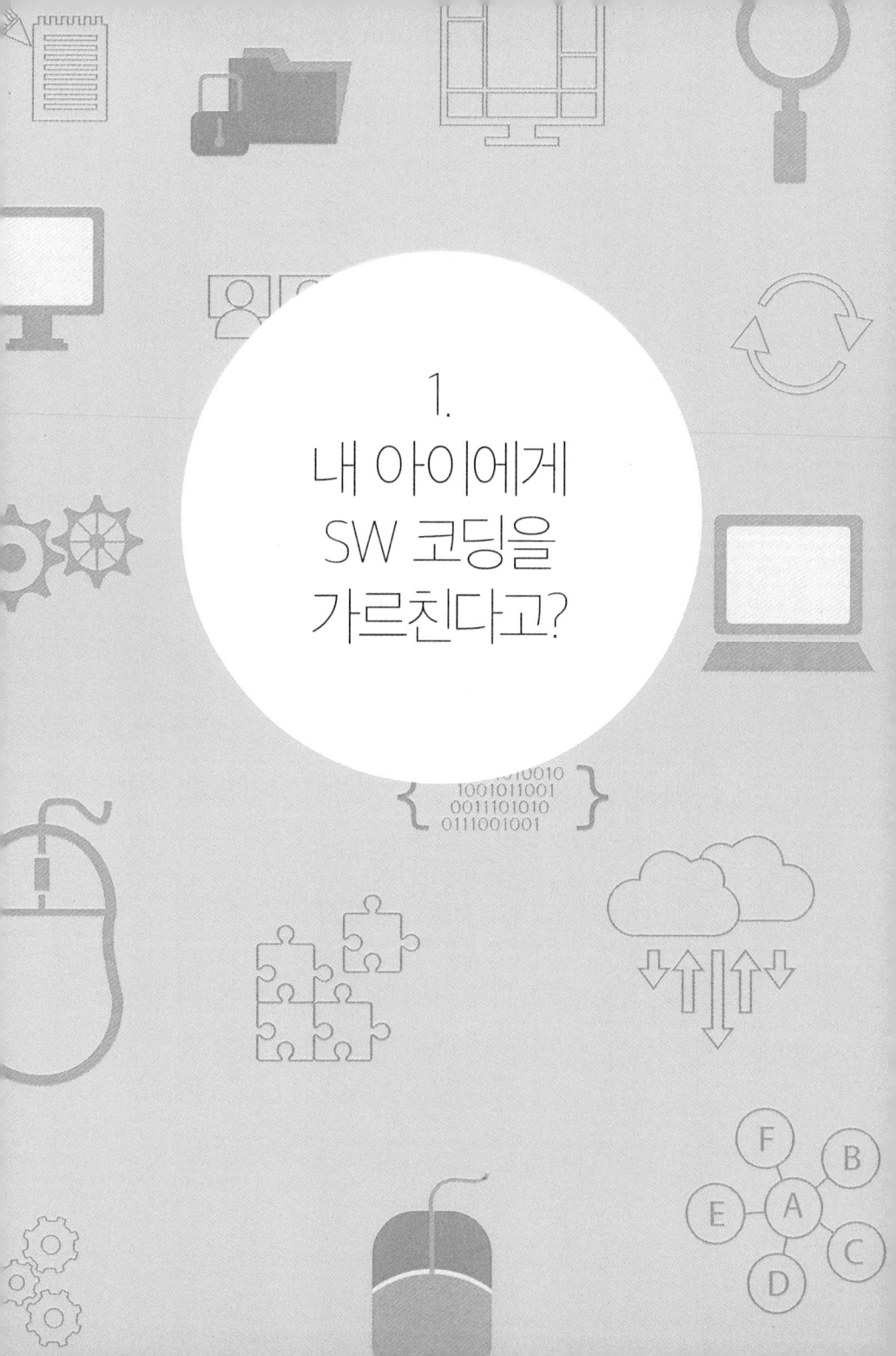

1.
내 아이에게
SW 코딩을
가르친다고?

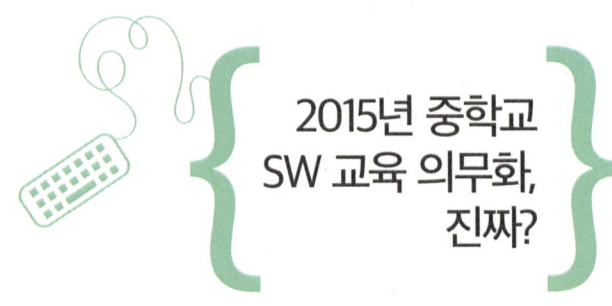

2015년 중학교 SW 교육 의무화, 진짜?

폭풍 같은 아침 시간을 보내고 아이들과 남편을 각자 갈 곳으로 출근시킨 뒤, 겨우 한숨 돌리고 커피 한 잔을 마셨다. 어제 읽다 만 책을 마저 읽고 이제 막 걷어둔 빨래를 정리하던 7월 평범한 어느 날이었다. 소프트웨어 교육 의무화 소식을 전하는 뉴스를 듣던 중 무심결에 나도 모르게 튀어나온 한마디는 바로 이것이었다. "누가 내 아이한테 SW코딩 따위를 가르친다고?" 그 날의 이 질문 하나가 평범한 경단녀(경력 단절 여성) 아줌마에게 책 한 권을 쓰게 만들 줄 나는 그때 상상도 하지 못했다.

2014년 7월, 정부는 Software(이하 SW) 중심 사회 실현 전략을 제시하고, 언론은 일제히 그 내용을 기사화 했다.

내년도 중학교 입학생부터 SW 교육 의무화한다

정부, SW 중심 사회 실현 전략 제시… 2021년부터 수능 연계될 듯
초교는 2017년, 고교는 2018년부터 정규 수업 편성

내년도 중학교 입학생부터 소프트웨어(SW) 교육을 의무적으로 이수
해야 한다. 초등학교는 2017년, 고등학교는 2018년부터 정식으로 SW
교과목을 편성한다.
…(중략)…
우선 정부는 고급인력 양성을 위해 SW를 초·중·고교 교육과정에 포함
시키기로 했다.
교육부 관계자는 "SW가 정규 교육과정에 편입된다면 자연스럽게 대입
수학능력시험과의 연계 가능성 등이 검토될 것"이라며 "현재 초등학
교 5학년이 시험을 치르는 2021년 이후에나 가능할 것"이라고 말했다.
…(이하 생략)…

－ 2014년 7월 23일 연합뉴스

기사의 내용을 보기 쉽게 재구성해 보았다.

[그림 1] 기사 도표

당장 2015년부터 중학교 신입생부터 과목으로 전면 도입된다고 보도하고 있다. 그와 함께 교육부에서는 학교급별 SW 교육의 모형을 제시했다.

구분	초등학교	중학교	고등학교
교육 목표	• SW 소양 교육 • SW Tool 활용을 통한 SW 코딩 이해	• SW 소양 교육 • 문제해결 학습을 통한 알고리즘 이해 및 프로그램 제작 능력 함양	• 컴퓨터 융합 활동을 통한 창의적 산출물 제작 및 대학 진로 연계 학습
교과 내용	• 놀이 중심 활동 학습 (컴퓨터 사고 이해) • SW Tool 활용 학습 (문제해결 방법 익히기)	• 문제해결 프로젝트 학습 (프로그램 제작 기초) • 논리적 문제 해결력 학습 (알고리즘 절차 익히기)	• 창의적 아이디어 산출물 제작(프로그램 제작 심화) • 프로그래밍 언어 학습 (심화문제해결 학습)
창의적 체험 활동	•논리적 사고 체험활동 (SW 코딩 활동)	• 컴퓨터 프로그램 제작 (공작기기 작동 원리 구현)	• 컴퓨터시스템 융합 활동(R&D 활동)

[표 1] 정부의 SW 교육 모형 (자료제공: 교육부)

교육부의 발표를 좀더 자세히 들여다 보면 초등학교부터 SW 코딩 교육이 들어간 것을 알 수 있다. SW 코딩이라고? 초등학생 때부터 Java나 Python 같은 SW 프로그래밍을 가르치겠다는 것인가? 기사를 처음 접한 나는 정말 놀랐다. 2015년이면 바로 내년(당시는 2014년 7월이므로)이고 더군다나 SW의 코딩이라는 것이 과목으로 편성된다는 것이다. 순간 여러 가지 질문들이 한꺼번에 떠올랐다.

▶ 엄마는 궁금하다.

  '도대체 소프트웨어 코딩 교육이 뭐지?'

  '소프트웨어 코딩 공부한다고 게임이나 더 하는 건 아냐?'

  '이거 학원 하나 더 보내야 하나?'

▶ 아빠는 궁금하다.

  '프로그래머 하면 밥벌이는 제대로 할 수 있으려나?'

  'SW 코딩 과목을 잘 한다는데 프로그래머 시켜야 되는 건가?'

  '나도 잘 모르는데 공부 어렵다고 물어보면 어쩌나?'

▶ SW프로그래머는 궁금하다.

  '애가 나처럼 3D 업종이라고 하는 SW회사에서 월화수목금
  금금하는 거 아니야?'

  '회사에서 코딩 하는 것도 바쁜데 집에서 저 녀석 코딩 숙제
  까지 해줘야 하는 거 아니야?'

  '아싸 투잡으로 과외나 하나 해볼까?'

▶ 초등학교 선생님은 궁금하다.

  '뭐 이젠 나보고 SW코딩을 가르치라고?'

  '가뜩이나 과목도 많은데 더 늘려?'

'SW 코딩은 어디서 배워야 하는 거야?'

이런 생각이 드는 것은 나만이 아닐 것이다.

교육부 발표가 있은 뒤 언론 매체들은 앞다투어 SW 교육에 대해 보도했다. 당장 2015년에 중학교 교육으로 의무화된다는 부분을 특별히 강조하면서 말이다. 어제는 별로 주목 받지 못하던 SW가 어느 날 갑자기 나라를 살릴 유일한 길인 양, 우리 아이들이 교육받아야 할 제일 중요한 일인 것처럼 포장되었다. 뭐든 초고속으로 실행하기 좋아하는 우리나라라 하더라도 아이들 교육인데, 교육은 백년대계百年大計라 하는데 어떻게 6개월 만에 과목을 신설해서 교육한다는 것일까? 대학 졸업 이후 교육계하고는 별로 인연이 없던 나는 신기하기만 했다.

정말로 2015년부터는 중학교 신입생 모두가 SW 교육이라는 과목을 공부하는 것일까? 각종 신문기사, 블로그, 정부 발표들을 모두 찾아보고 내린 결론은 아니라오, 아니라오, 다 받는 건 아니라오. 모든 2015년 중학교 신입생이 SW 교육을 받는 것은 아니다.

'2015년 개정 교과과정이 확정'되면, 이 교과과정은 2017년이나 2018년 이후의 교육 과정을 담고 있다. 그러니 2015년에 교과과정이 확정된다 해도 모든 학생들에 대해서 2015년에 바로 교육을 시행하는 것은 아니다. 물론 일부 시범학교로 선정된 학교 학생들은 교육을 받을 수 있다. 그런데 이런 사실을 기사는 말해주지 않았다. 나만 몰랐나? 저 기사를 쓴 기자도 몰랐던 거 같지 않나?

그런 의미에서 앞의 도표는 이렇게 바뀌어야 한다.

[그림 2] 기사 도표 재작성

미래창조과학부는 2014년 하반기에 72개 초·중등학교를 SW 교육시범학교로 지정했으며, 2015년에는 이를 130개교 이상으로 확대할 계획이다. 교육부는 SW 연구학교를 17개, 교육청 67개교로 지정해 SW 교육과정에 적합한 교육모델 등을 연구할 방침이다.

SW 교육을 바라보는 엇갈린 시선

교육부의 발표는 SW 관련 업계와 교육계, 그와 관련 분야에서 여러 파장과 논란을 만들었다.

▶ SW 코딩 교육은 세계적 추세다

미래 SW는 희망이고 필수다.

가치 창조의 필수 요건인 만큼 아이들에게 가르쳐야 한다.

영국은 2014년 9월에 정규과정으로 이미 교육이 들어갔다.

미국 대통령 오바마는 Hour of Code라며 하루에 한 시간 코딩을 주장하고 나섰다. SW 교육이 세계적 추세인 만큼 우리도 더 늦기 전에 도입해야 한다.

▶ SW 코딩 교육에 반대한다

SW 프로그래머를 대량 양산하겠다는 것인가?

현재 SW 업계의 어려운 상황을 제대로 볼 필요가 있다.

▶ 교육현장에서 아직은 무리다

SW 코딩 교육을 하기에 아직 준비가 안 되었다.

SW 교육 인력 양성의 문제가 시급하다.

SW 교육을 하기 위한 정보화 시설의 노후와 부족을 먼저 해결해야 한다.

또 다른 수능 암기과목을 만들어서는 안 된다.

이렇게 SW 교육, 특히 SW 코딩을 교육한다는 것에 대해서 다양한 관점들이 교차하고 있다. 새로운 교육 과목이 도입된다고 매번 이렇게 관심과 논란이 일어나지는 않을 것이다. 관심과 논란, 그 이유를 몇 가지 살펴보자.

첫째, SW 코딩(전문적 영역)과 교육(일반적 영역)의 만남

지금까지 SW 코딩은 SW 프로그래머들만 할 수 있는 전문 영역이었다. Java, C++, .NET 등 어려운 프로그래밍 언어를 몇 개월, 몇 년씩 익혀야 하고, 프로그램이 작동하는 컴퓨팅(Computing) 환경에 대한 이해도를 갖고 있어야 하는 전문적인 분야라고 알려져

왔다. 하지만 교육, 특히 초·중·고등학생을 대상으로 하는 공교육은 보편적이고 일반적인 영역이라 할 수 있다. 누구나 학교에 들어가서 받게 되는 교육이고, 내 아이가 받게 될 교육이라고 하면 학부모는 관심을 가질 수밖에 없다.

SW 코딩 교육이라는 것이 기존에는 별로 상관이 없었던 두 영역이 만남으로써 SW 관련 업계, 교육 관련 분야, 학부모 모두의 주목을 받으며 사회적 관심 사안이 된 것이다.

둘째, 치열한 입시 경쟁과 사교육이라는 한국 교육 여건

우리는 전 세계에서 사례를 찾아 볼 수 없을 정도로 치열한 입시 경쟁을 치르고 있다. 성적에 대한 중압감으로 자살을 하는 청소년들이 있고, 학원 2, 3개는 기본에 밤잠을 줄여가며 공부를 해야 하는 초등학생들까지 있다. 이미 대한민국의 교육 문제는 부모나 학교만의 문제가 아닌 사회 문제라고 할 수 있다. 이런 상황에서 혹여 내 아이가 SW 코딩을 못한다면 학원을 또 보내야 하는 것은 아닌지 학부모로서 걱정되는 마음이 많다. 아이들의 꿈과 적성을 찾아 주고 싶지만 입시라는 현실을 외면할 수 없기에, 새로운 SW 코딩 교육이 부담을 가중시킬지 아니면 정말 제대로 아이들의 창의성과 다양성을 키우는 묘안이 될지 관심을 갖게 된다.

셋째, IT 강국의 이면, 열악한 SW 산업 현실

초고속 인터넷과 최신 스마트 기기들로 대변되는 IT 강국의 한국. 그러나 SW 산업의 현실은 기대와 많이 다르다. 프로젝트 한 개에 갑, 을, 병, 정으로 이어지는 지나친 하도급 구조, 제값을 받지 못하는 SW로 인한 낮은 임금, 월화수목금금금의 높은 노동 강도 등 SW 산업이 구조적으로 안고 있는 문제들도 많다. 미국은 직업 선호도 1위가 SW 프로그래머지만, 한국은 컴퓨터 공학과 졸업생들이 해마다 줄고 SW 업계는 만성적인 인력난에 시달리고 있다. 이것이 SW 코딩을 교과 과목으로 추가하겠다 했을 때, SW 업계 종사자들이 'SW 산업의 현실부터 제대로 보라'고 목놓아 외쳤던 이유이다.

{ SW 프로그래머
출신의 엄마
고민하다 } ...

나는 대학 졸업과 함께 'IMF 외환위기'를 맞았고, 우여곡절을 겪으며 SW 프로그래머로서 회사 생활을 시작했다. 그리고 15년을 SW 업계에 몸담았다. 나에게 무언가를 만드는 재미와 보람을 느끼게 해주었던 곳, 프로젝트 막바지면 주말이나 연휴까지도 반납해야 했던 곳, 갓난 아기를 간신히 재운 한밤중에도 장애 발생에 회사로 달려가게 했던 곳. 그런 애증이 교차하는 곳이 SW 업계였다.

그래서인가 보다. 나는 SW 코딩 교육을 단순히 '교과 과목 하나 추가하는 것이겠지'라고 생각 할 수 없었다.

우리나라의 SW 현실을 조금 살펴보자. 미국에서는 소프트웨어 개발자 즉, 소프트웨어 프로그래머가 직업선호도 1위이다(2014년 포브스). 구글 SW 프로그래머의 경우 평균 약 1억 4천만 원(12만 8천 336달러)을 연봉으로 받고 있다(2012년 조사). 연봉이 1억이 넘는다. 그것도 평균적으로 말이다.

　미국에서는 SW 프로그래머에 대한 인식도, 연봉 수준도 좋은데 우리나라는 어떤지 살펴보자. 그래프의 파란 선을 보면 삼성전자의 SW 인력 채용이 갈수록 증가하고 있다는 것을 알 수 있다. 하지만 회색 선을 보면 알 수 있듯이 국내 SW 관련 학과의 졸업생은 갈수록 줄어들고 있는 실정이다. 필요 인력은 많아지는데, 지원하는 사람은 점점 더 줄어든다. 삼성전자뿐만 아니라 국내 SW 업계는 만성적으로 인력난에 시달리고 있다. 일 할 사람이 없는 것이다.

※전산학, 컴퓨터공학, 응용소프트웨어공학, 정보·통신공학과 등 소프트웨어 관련 4년제 대학 기준
자료: 삼성전자·대학 정보 공시 포털사이트 대학알리미

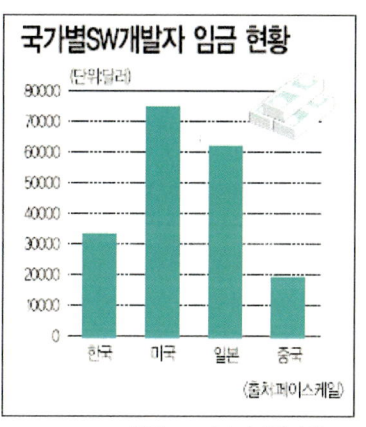

<출처: 2013년 디지털타임즈>

　연봉 수준은 어떨까? 2013년 글로벌 연봉 정보 사이트 페이스케일에 따르면 국내 SW 개발자의 평균 연봉은 3천 6백 60만 원(3만 3,300달러) 수준이다. 미국의 경우 이보다 높은 8천 2백 50만 원(7

만 5,000달러), 일본은 6천 8백 20만 원(6만 2,000달러), 중국은 2천 9백만 원(1만 9,000달러)로 알려져 있다.

환율의 차이도 있고 해당 국가의 경제 규모 차이도 고려해야겠지만, 고약하게 말하면 똑같이 코딩하고도 우리는 미국의 절반도 못 받는다는 것이다.

그렇다면 근로 시간은 어떨까? 국회사무처에 제출된 자료를 기반으로 살펴봤다.

□ 주당 근로시간

- **평균 57.3시간**

답변	응답자수	비율(%)
40시간 미만	9	1.0
40-49시간	326	35.7
50-59시간	260	28.4
60-69시간	142	15.5
70-79시간	66	7.2
80-89시간	40	4.4
90-99시간	27	3.0
100시간 이상	44	4.8
합계	**914**	**100.0**

[표 2] 한국정보통신산업 노동조합 2013년 IT산업 노동자 실태조사, 국회사무처 보고서

법으로 정한 주당 근로 시간은 40시간이다. 그런데 이 40시간을

지키는 경우는 1%뿐이다. 나머지는 모두 초과 근무를 한다. 초과 근무를 하면 수당을 지급받을 수 있을까? 10.3% 정도만 수당을 지급받았고, 전혀 지급받지 못하는 경우도 76.4%에 이르렀다. 안타깝게도 주당 100시간 이상 되는 경우도 4.8%나 되었다. 일주일은 168시간(24*7)이다. 그런데 100시간을 아빠가 회사에서 코딩을 한다면, 아이와 주말에 공원에 놀러 가는 일 따위는 사치인 것이다.

다른 산업 분야라고 저임금과 초과 근로의 문제가 없을까? 다른 산업도 마찬가지로 문제가 있을 것이다. 그런데 SW 산업의 하도급 문제와 저임금의 문제가 산업 전반에 구조적으로 깔려 있어 개선하기가 쉽지 않다는 것이 문제이다.

정부에서도 이러한 문제점을 인식하고 SW의 생태계를 복원하고자 공공 프로젝트에 대한 수주발주시스템 개선, 소프트웨어 제값 받기, SW 고급인력 양성 등 SW 생태계의 선순환을 만들고자 노력하고 있다. 하지만, 제도만 만든다고 생태계가 저절로 복원되는 것이 아니다. 제도가 제 기능을 하도록 모니터링하고, SW 산업 환경의 개선을 위해 지속적인 노력이 필요하다.

이런 SW 업계의 열악함 속에서 SW 코딩을 교육한다고 했을 때, SW 프로그래머 출신 엄마로서 고민되는 것이 많았다.

'SW 프로그래머를 다량으로 양산하겠다는 것인가?'

'내가 배우기도 어려웠던 SW 코딩을 어떻게 아이들에게 가르치겠다는 것인가?'

'도대체 왜 SW 코딩을 가르치겠다는 거야?' 등 꼬리에 꼬리를 무는 궁금증을 참을 수 없어서 기사를 찾아보고, 논문을 뒤져보고, 해외 자료를 번역해 가며 자료를 수집했다. SW 교육에 대해 알아가면서 처음에 궁금증으로 시작했던 일이 SW 교육에 대한 확신으로 바뀌었고, 더 나아가 어떻게 하면 재미있게 SW 코딩을 교육할까라는 고민에 이르게 되었다.

나와 같이 SW 코딩 교육에 대해 궁금해 하는 많은 엄마, 아빠들에게 그간 수집한 자료와 나의 관점들을 모아 조금이라도 도움을 주고자 책으로 엮어 보았다. SW 코딩 교육에 대한 자료와 기사는 많이 있다. 단순히 자료를 모아놓는 데서 그치지 않고 SW 코딩 교육을 어떻게 바라봐야 하는지, 어떻게 하는 것이 제대로 하는 것인지 관점과 해석이 담긴 이야기를 하려고 한다. 엄마로서, 전직 SW 프로그래머로서 나의 아이들을 가르친다는 생각으로 그간의 경험과 고민이 담긴 나만의 시선을 담아 보았다.

이전의
SW 교육과
다른 점은 무엇

이전에도 초·중·고 교과과정에 컴퓨팅 관련 과목들이 있었다. 2000
년도에는 중학교는 '컴퓨터', 고등학교는 '정보사회와 컴퓨터', 2011년
과 2013년에 개정된 과목으로는 중·고등학교 모두 '정보'라는 과목으
로 컴퓨팅 교육을 받아왔다. 새로 한다는 SW 교육이라는 것이 이전
의 컴퓨팅 관련 교육과 무엇이 다른지 짚고 넘어가 보자.

컴퓨터 교육이라 하면 크게 두 가지 측면의 교육으로 나눌 수 있다.

컴퓨터 활용 교육(computer literacy)과 컴퓨터 과학 교육(computer
science)이다.

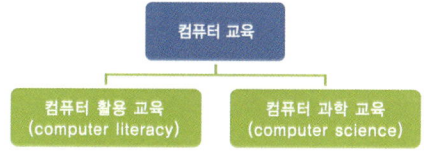

[그림 3] 컴퓨터 교육의 구성

컴퓨터 활용 교육과 컴퓨터 과학 교육의 특징을 비교해 보자.

컴퓨터 활용 교육 (Computer literacy)	컴퓨터 과학 교육 (Computer science)
컴퓨터의 올바른 이해를 바탕으로 컴퓨터의 활용 분야에 대해 탐색하는 교육 컴퓨터 조작 능력 향상에 초점	컴퓨터를 조작하여 나오는 결과물보다는 그 결과가 나오기까지 어떤 방법으로 결론을 도출했는가에 대한 컴퓨터의 사고 과정과 그 기반이 되는 수학적, 논리적 사고에 대한 교육
워드, 엑셀에 대한 사용 교육	프로그래밍, 알고리즘에 대한 교육
사용자, 소비자(Customer)적 관점	작성자, 제공자(Provider)적 관점

[표 3] 컴퓨터 활용 교육과 컴퓨터 과학 교육

그동안 우리 아이들이 받아왔던 교육은 '컴퓨터 활용 교육(Computer literacy)'에 중점을 두었다. 아래 한글의 사용법을 익히고, 스프레드 시트를 이용해 표나 계산에 응용하고, 파워포인트를 능수능란하게 사용하는 교육이 바로 컴퓨터 활용 교육이다.

반면에 새로운 SW 교육의 핵심은 컴퓨터 과학 교육(Computer science)에 중점을 둔 교육이다. 우리가 자주 쓰는 컴퓨터 프로그램들이 어떻게 만들어지고, 어떻게 데이터가 처리되고, 어떻게 작동하는지를 수학적, 논리적으로 사고하는 것이다.

아주 친밀한 예를 하나 들어보자. 여기 김치가 한 포기 있다. 컴퓨터 활용 교육 측면에서는 김치를 한 쪽 쭉 찢어서 맛보고는 "그래 이 맛이야. 라면 먹을 때 먹어야지" 하며 맛을 즐기면 된다. 컴퓨터 과학 교육 측면에서는 김치 한 점을 맛보고 "음…… 이 김치는 그 유명한 대관령 고랭지 배추에 간수를 쫙 뺀 신안 천일염을 넣고, 달걀이 동동 뜨는 알맞은 염도에 정확히 9시간 담근 다음 햇볕에 30일간 말린 태양초 고춧가루와 광천 새우젓을 사용해 맛을 낸 바로 그 김치군"이라고 음미할 수 있는 것이다.

즉, 컴퓨터 활용 교육이 SW의 소비자적(consumer) 관점이라면 컴퓨터 과학 교육은 SW의 제공자적(provider) 관점이라는 것이다. 여기서 중요한 역사적 '관점(Perspective)의 변화'가 일어난다. SW의 소비자에서 SW의 제공자가 되는 것이다. 무언가를 소비하는 행위와 무언가를 만든다는 행위는 다른 능력을 요구한다.

책을 예로 들어보자. 책을 읽는 사람들은 많다. 그러나 책을 쓰는 사람들은 그보다 많지 않다. 책을 쓴다는 것은 써야 할 내용이 있어야 하고, 그 내용을 잘 구성할 수 있는 능력이 있어야 한다. 무엇보다 읽기 쉽게 잘 표현하는 능력도 필요하다. '100권의 책을 읽기보다 1권의 책을 쓰는 것이 낫다'는 말이 있다. 그만큼 무언가를 만든다는 행위는 그냥 사용할 때와는 차원이 다른 고민과 시각이 필요하기 때문이다.

마찬가지로 SW를 만드는 제공자 관점에서는 SW 사용 목적, 편리한 기능, 재미 요소, 사용자 요구, 직관적 사용자 인터페이스, 효율적인 코드 작성 등 고려해야 할 것이 많다. 어떻게 만드는지에 관심을 갖게 되면 만드는 사람의 의도가 무엇인지, 내가 만들면 어떻게 만들 것인지 등을 고민할 여지가 생긴다는 것이다.

SW의 제공자적 관점이 생긴다면 매일 게임만 하던 아이가 어느 날 이렇게 얘기할 지도 모른다.

"엄마 이 게임은 저것보다 재미있어요. 왜냐하면 레벨 업 했을 때 인센티브(보상) 룰이 더 잘 만들어진 것 같아요. 나 같으면 여기에 다음 레벨 업까지 시간 단축하는 아이템도 넣을 텐데……"

아이에게 관점의 변화가 생긴 것이다. 제공자적 관점이 생긴다는 것은 표면적 현상이 아니라, 무언가를 만들어내는 감추어진 이면의 원리에 관심을 갖고 생산에 직접 참여할 아이디어가 생긴다는 의미이다.

여기서 잠깐 컴퓨터 교육, SW 교육, SW 코딩 교육에 대한 개념이 헷갈리시는 분들을 위해 잠시 정리해 보자.

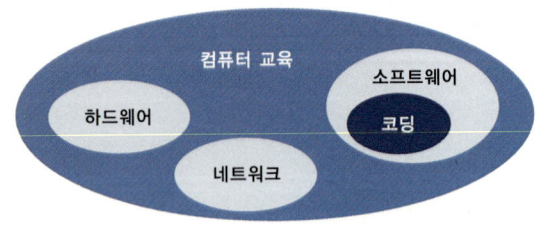

[그림 4] 컴퓨터 교육의 하위 범위

우리가 일반적으로 말하는 컴퓨터 교육은 하드웨어, 소프트웨어, 네트워크, 데이터베이스 등 세부 영역으로 나누어 볼 수 있다. 소프트웨어는 다시 코딩, 활용 교육 등으로 나눌 수 있다. 간단히 설명하면 컴퓨터 교육 안에 SW 교육이 포함되고, SW 코딩 교육은 SW 교육의 세부 내용이라 보면 된다.

이번에 SW 교육이 이렇게 주목을 받는 이유는 SW 코딩이 도입되기 때문이다. 실제로 컴퓨터에서 동작하는 코드를 작성할 수 있는 언어를 배운다는 뜻이다. SW 코딩 교육은 SW 프로그램 작성에 쓰이는 언어로 코드를 짜고, 그것을 실제로 작동시켜 보면서 SW 프로그램이 만들어지는 원리를 익히는 것이다. 또한, 원하는 프로그램을 작성하기 위해 문제 상황들을 해결하며, 구조적으로 사고할 수 있는 훈련을 하는 것이다.

> "컴퓨터 프로그래밍은 사고의 범위를 넓혀주고 더 나은 생각을 할 수 있게 만들며, 분야에 상관없이 모든 문제에 대해 새로운 해결책을 생각할 수 있는 힘을 길러줍니다."
>
> - Microsoft 빌 게이츠(Bill Gates) 회장

2.
SW 교육을
왜
배워야 할까?

우리 아이들에게

왜 SW 교육이 중요해졌는지 맥락을 읽기 위해서

미래 사회의 변화, 주목 받는 기술과 SW 교육을 통해서

우리 아이들에게 필요한 능력이 무엇인지 살펴보자.

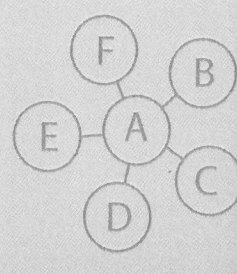

미래 사회의 중심, 소프트웨어 (Software)

"소프트웨어가 세상을 먹어 치우고 있다(Software is eating the world)."

넷스케이프의 창업자이자 벤처 투자자인 마크 앤드리슨(Marc Andressen)이 한 말이다. 그는 월스트리트 저널의 기고문(WSJ, 2011.8.20)에서 소프트웨어가 변화의 중심이 되는 소프트웨어 혁명의 패러다임 전환을 소개하고 있다.

<출처: 제34회 한국컴퓨터교육학회 학술대회>

하드웨어 중심이었던 휴렛패커드(HP)가 PC사업을 포기하고, 휴대폰 제조 업체 모토로라가 구글에 인수되는 과정을 소개하며 SW 혁명이 모든 산업분야로 확대되고 있다고 한다. 이는 단순히 하드웨어 중심의 기업이나 제조업에 바탕을 둔 기업만 해당되는 이야기가 아니다. 전통적으로 SW 업체라고 알려졌던 마이크로소프트(MS)나 오라클(ORACLE) 등도 세일즈포스닷컴(salesforce.com)이나 안드로이드 같은 새로운 소프트웨어의 혁명에 주목하고 있다고 말했다. [01]

> "그 동안 자동차는 가솔린으로 움직였지만, 이제 자동차는 소프트웨어(SW)로 움직이고 있습니다."
>
> – 2012년 CES 다임러그룹 디터 제체(Dieter Zetsche) CEO의 연설

BMW의 SW 엔지니어의 비율은 이미 전체 직원의 50%를 차지하고 있다. 자동차 부품의 50% 이상이 IT 관련 제품이다. 우주 왕복선의 코드 수가 50만 라인인 반면, 최첨단 고급 승용차의 코드 수는 1억 라인에 육박하고 있다.

구글의 무인 자동차는 2~5년 내에 도로를 달리게 된다는 전망이다. 자동차 산업에서도 소프트웨어가 주도하는 변화의 물결은 이미 시작되었다. 소프트웨어는 자동차의 각종 장치의 정보를 운전자에게 표시하여 잠재적 문제를 감지하거나 운전자 행동을 교정

하는 등 중요한 역할을 수행하고 있다. 자동차의 설계, 개발 및 테스트 방식은 말할 것도 없고 주행의 방식까지 소프트웨어의 주도하에 변화하고 있다. [02]

'아바타' 컴퓨터 시뮬레이션 과정, 구글 이미지

"15년 전 카메론 감독이 아바타 아이디어를 제안했을 당시 이를
구현할 기술이 존재하지 않았다. 지난 수 년 동안, 오토데스크
소프트웨어의 도움으로 이 비전을 현실로 구현할 수 있었다"
- 영화 「아바타」의 디지털 효과 감독
라이트스톰 엔터테인먼트의 놀란 멀사(Nolan Murtha)

2009년 최고의 영화로 손꼽혔던 제임슨 카메론 감독의 「아바타(Avatar)」. 아바타의 제작진은 세트장에서 3D 소프트웨어를 이용해 실시간으로 인터랙티브(Interactive)한 장면을 시뮬레이션 할 수 있었다.

2013년 노벨 화학상은 화학 이론이나 실험이 아닌 소프트웨어가 주역이었다. 복잡한 분자의 화학반응을 계산하고 연구할 수 있도록 시뮬레이션 프로그램을 개발한 프로그래머들이 수상한 것이다. 노벨상 선정위원회는 "이전까지 화학자들은 플라스틱 공과 막대를 가지고 화학분자 모델을 분석했으나, 1970년대 이들이 개발한 컴퓨터 모델 덕분에 이제는 컴퓨터로 화학작용을 예측하고 이해한다"며 선정 배경을 설명했다. [03]

> "소프트웨어 중심사회'란 소프트웨어가 혁신과 성장, 가치 창출의 중심이 되고, 개인·기업·국가의 경쟁력을 좌우하는 사회를 말한다."
>
> – 미래창조과학부

이렇듯 영화, 자동차, 금융, 항공, 국방 등 전 산업에서 소프트웨어의 혁명이 확대되고 있다. 다음으로는 미래 사회의 변화를 SW 중심으로 더욱 가속화시키는 주목할 만한 기술을 살펴보자.

진격의 센서들, 사물인터넷 (IoT:Internet of Things)

2015 미 소비자가전쇼(CES)를 휩쓴 사물인터넷 세상

미국 라스베이거스에서 1월 6일(현지시간) 개막된 소비자가전쇼(CES). 2015의 화두는 단연 사물인터넷(IoT)이다.

사물인터넷는 모든 사물을 인터넷으로 연결해 실시간으로 데이터를 주고받으면서 인간 생활의 편의를 높이는 환경이다. 첨단 정보통신기술로 무장한 3차원(3D) 프린팅·스마트시계·안경 등 각종 웨어러블 기기에서부터 전시장을 처음 찾은 무인기 드론, 무인으로 작동하는 스마트카 등은 IoT를 토대로 한다.

과거 공상영화에서나 봤던 무인자동차가 눈앞에서 운행되고 택배에 드론을 이용하는 시대가 열렸다. 아우디는 각종 센서를 장착한 자동차로 실리콘밸리에서 라스베이거스까지 880㎞를 자동주행 해 세계를 깜짝 놀라게 했다. 시장조사 전문기업인 미국의 가트너는 5년 뒤인 오는 2020년께는 인터넷과 연결될 사물이 260억 개로 지금보다 10배가량 늘고 시장 규모는 1조 달러(약 1002조원)에 달할 것으로 봤다.

(이하 생략)…

- 2015년 1월 8일 파이낸스뉴스

사물인터넷이라고? 갑자기 나온 IT 용어에 당황하지 말자. 읽어서 알 듯 하다가도 돌아서면 뜻이 애매해 모르는 것이 IT 용어이다. 아무리 IT에 종사하는 사람이라 해도 다 모른다. 자고 나면 새로 나오는 게 IT 용어니 모른다고 주눅들지 말자. 이렇게 읽었는데도 잘 모를 때는 내 방식대로 쉽고 발칙하게 해석한다.

발칙한 해석

사물인터넷(Internet of Thing)

Thing, 즉 사물끼리 인터넷으로 연결되어 정보를 주고 받는 인터넷 우리 주변에 널려 있는 각종 전자기기, 스마트 기기, 센서 등이 서로 통신을 하면서 자기들끼리 알아서 정보를 주고 받음

사물끼리 인터넷을 한다? 사물에 센서를 부착하여 사람이 조작하지 않고도 서로 정보를 주고받고, 필요한 것을 알아서 조절하며, 인간에게 유용한 정보를 제공한다.

이미 우리 주변에도 사물인터넷(IoT) 기술을 이용한 제품과 서비스가 많이 있다. 고속도로를 그냥 달리기만 해도 통행료가 징수되는 하이패스, 자동차 키를 주머니에 넣고도 자동으로 문이 열리는 스마트 키, 성범죄자의 위치를 파악해 관리하는 전자 발찌, 대형 주차장에 들어서면 빈 자리 123석이라고 표시하는 전광판 등이 바로 사물인터넷 기술을 이용한 것이다.

여기 사물인터넷(IoT)을 이용한 재미있는 사례를 몇 가지 소개한다.

	**스마트 주차 요금 징수기** 샌프란시스코는 주차 요금 징수기를 인터넷에 연결시켰다. 주차 공간을 찾아 헤매던 운전자들은 이제 스마트 폰으로 손쉽게 빈 주차공간을 확인 할 수 있다.
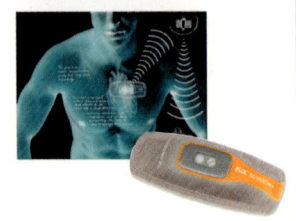	**심장 모니터링 장치** 미국 벤처 기업 코벤티스(Coventis)는 환자의 심장에 붙이기만 하면 심장 운동을 감시해 알려주는 심장 감시기를 개발했다. 1회용 밴드처럼 생긴 이 제품은 환자의 심장이 부정맥이나 심부전의 증상이 보이면 의사에게 데이터를 전송해 경고를 해준다. 위급한 상황에서 의사에게 연락해 준다니 정말 유용하다.
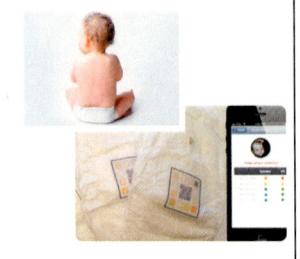	**스마트 기저귀** 24에이트(24eight)라는 신생업체는 무선 기저귀를 선보였다. 내장된 칩이 기저귀를 갈 때가 됐는지 감지해, 이를 부모에게 SMS로 알리는 제품이다. 월 스트리트저널(Wall Street Journal) 보도에 따르면, 이 기저귀의 가격은 보통 기저귀에 비해 1개당 2센트가 더 비싸다고 한다. 단돈 2센트만으로 이런 기능이 가능하다니 놀라운 세상이다.

<출처: 한경 닷컴 IoT http://iot.hankyung.com>

사물인터넷(IoT)의 꽃이라 할 수 있는 무인자동차. 구글은 앞으로 불과 5년 후면 무인자동차가 도로 위를 달릴 수 있을 것이라 예상했다.

아직 무인자동차가 실용화 되기까지는 기술적, 제도적 해결 과제들이 많이 남아있다. 만일 '무인자동차가 사고 나면 그 책임은 차량 소유주와 자동차 회사 중 어느 쪽에 있는가?'와 같은 문제도 생각해 보면 복잡한 문제이다. 그래도 어린 시절에 봤던 TV외화 '전격제트작전'에서 나왔던 것처럼 "키드 도와줘!" 하면 내 차가 등장할 날이 머지 않은 것이다.

세계 최대 인터넷 서점 아마존(Amazon)과 중국 인터넷 기업 알리바바(Alibaba)가 '드론'을 이용해 택배 서비스를 하겠다고 발표했다. 알리바바는 이미 베이징, 상하이, 광저우 등에서 시험적으로 드론 배달을 실시했다. 집 근처 1시간 이내의 거리로 드론이 날아가면, 택배기사가 그것을 받아서 최종 고객에게 배달하는 방식이다.

이렇듯 사물인터넷(IoT) 기술은 우리가 미처 인식하기도 전에 생활의 편리함으로 우리 곁에 다가와 있다. 센서를 붙일 수 있는 작은 공간만 있어도 그것은 데이터를 만들고, 네트워크를 통해 인터넷과 연결된다. 이제 이들이 만들어낼 엄청난 데이터에 대해서 알아보자.

21세기의 원유, 빅데이터 (Big Data)

미래 사회를 얘기할 때 빼놓지 않는 키워드가 빅데이터(Big Data)이다. 하루에 전세계적으로 만들어지는 비정형(일정한 형식이 없는 데이터, 이미지, 미디어 등) 데이터가 250경 바이트, 매달 생성되는 SNS 트위터(Twitter)의 개수 10억 개 트윗, 페이스북(Facebook)의 메시지 매달 300억 개.

Ben Chams - Fotolia

빅 데이터 생성 속도

- 하루 **250경** 바이트 비정형 정보
- 매달 **10억**여 개 트윗
- 매달 **300억**여 개 페이스북 메시지
- **1조** 대 이상 모바일 기기로 가속화

2020년까지 빅데이터 국내 시장 규모는 8억 9,380만 달러로 예상된다. 1조 대 이상의 모바일 기기가 만들어 내는 각종 정보, 거기에 사물인터넷(IoT)이 만들어내는 엄청난 데이터들이 있다. 그러면, 빅데이터란 무엇일까? 빅데이터의 정의를 살펴보자.

☞ **빅데이터**(Big Data)

　　기존 데이터베이스 관리도구로 데이터를 수집, 저장, 관리, 분석할 수 있는 역량을 넘어서는 대량의 정형 또는 비정형 데이터 집합 및 이러한 데이터로부터 가치를 추출하고 결과를 분석하는 기술

〈출처: 위키백과〉

엄청 큰 데이터라는 의미에서 Big이라는 건 알겠는데, 단순히 크기만 커서 빅데이터가 의미가 있나? 정의를 읽어도 의미가 와 닿지 않을 때, 발칙하게 해석해 보자.

발칙한 해석

빅데이터(Big Data)

정말 엄청 많아서 분석할 엄두도 내지 못하게 많은 데이터
웬만한 안목과 기술이 없으면 손도 대지 못하는 데이터
그런데 분석만 하면 황금알

빅데이터의 의미를 쉬운 예로 들자면 다음과 같다.

어떤 배추 농사꾼이 마음이 좋아 여의도 면적만큼 큰 배추밭에서 배추를 마음껏 뽑아가라고 했다. 이게 웬 횡재인가! 배추김치와 겉절이 담고, 시래기 말리고…… 아, 그래도 너무 많다. 사돈의 팔촌까지 배추를 챙겨주고 싶은 마음이 굴뚝이다. 여의도만 한 배추밭에서 크기가 알맞은 놈으로 뽑고, 분류하고, 다듬어야 한다. 마당만 한 배추밭하고는 차원이 다른 고민을 해야 한다. 즉, 기존에는 경험해 보지 못한 어마어마한 데이터를 마주하게 되는 것이다.

스펜서 존슨이 쓴 《누가 내 치즈를 옮겼는가》라는 책으로 비유하자면 엄청나게 큰 치즈가 나타난 것이다. 그런데 그 치즈가 세상에 점점 커지는 것이다. 인류 역사가 계속되는 한, 컴퓨팅을 계속하는 한, 계속 늘어날 것이다. 이것이야 말로 엄청난 빅(Big) 치즈 아닌가!

그런데 크기만 크다고 빅(Big)데이터인가? 이전에는 이렇게 큰 데이터가 없었나? 그 의미를 좀 더 살펴보자.

빅데이터의 특징을 가리켜 3V라고 말한다.

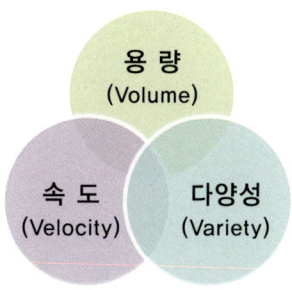

[그림 5] 빅데이타의 세가지 특징 3V

용량(Volume): 기존의 정형적인(Database, 파일 등)뿐 아니라, 비정형(이미지, 멀티미디어, 세션 데이터) 등의 엄청난 양을 가진 데이터
속도(Velocity): 데이터의 유입되는 속도가 빠르고, 세상의 변화를 디지털 세상에 빠른 속도로 반영한다. SNS, 사물인터넷 등……
다양성(Variety): 사람들이 만들어내는 데이터뿐 아니라, 센서 정보 등 다른 차원의 정보들을 서로 결합해 의미를 유추할 수 있음

커피숍에서 친구를 기다리며 재미있는 이야기라고 트위터에 메시지를 남겼다. 당신이 디지털 세상에 남긴 정보가 트윗 메시지 하나뿐일까? 커피숍에서 결제를 하며 남겼던 카드 결제 데이터, 핸드폰이 기지국과 교신하는 통신 기록, 인터넷에 접속하며 남긴 IP와 네트워크 패킷 데이터, 트위터의 계정 접속 정보, 그리고 커피숍 주위의 수많은 CCTV에 담긴 나의 모습.

우리의 모든 행동은 이미 디지털로 기록되고 있고, 디지털로 기록되는 모든 것이 다양한 차원으로 분석되고 의미를 유추하는데 활용되고 있다. 이전에는 엄두도 못 냈지만, 이제는 이런 빅데이터를 분석할 수 있는 기술과 방법들이 다양하게 시도되고 개발되고 있다.

이미 빅데이터를 활용하여 이전과는 다른 가치를 만들어내는 예들이 나오고 있다.

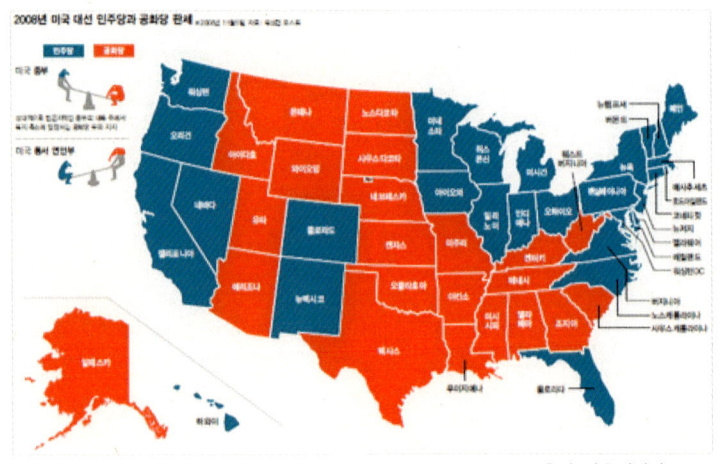

<출처: 다음미디어 뉴스>

2008년 미국 대선에서 버락 오바마 후보는 '유권자 지도'라는 것을 만들었다. 기존에 활용 가능했던 유권자의 기본 정보인 인종, 종교, 나이, 가구 형태, 소비 수준 등뿐만 아니라 과거의 투표 여부, 구독하는 잡지, 마시는 음료수 등과 같은 정보들도 수집했다.

유권자의 성향을 파악할 수 있는 정보들을 모두 수집하여 부동표 선별, 표심 예측을 위한 종합적인 유권자 지도를 만든 것이다.

이를 이용해 오바마는 다양한 유권자의 성향에 맞는 효과적인 선거 전략을 구사할 수 있었다.

국내에도 빅데이터를 활용한 사례들이 있다. 서울시는 '올빼미 버스'라는 서울 심야버스의 운행을 계획하며 노선을 설계하기 위해 빅데이터를 분석해 활용했다. 심야 시간대(자정~새벽 5시)에 사용한 휴대폰 콜 데이터 30억여 건과 심야택시 승·하차 데이터 500만 건의 빅데이터를 융합했다. 또 여기에 서울 전역의 유동인구 및 교통수요량, 기존의 버스노선과 시간, 교통수요 패턴을 분석하고 노선 부근 유동인구 가중치를 계산하여 최적의 노선과 배차간격을 도출했다.

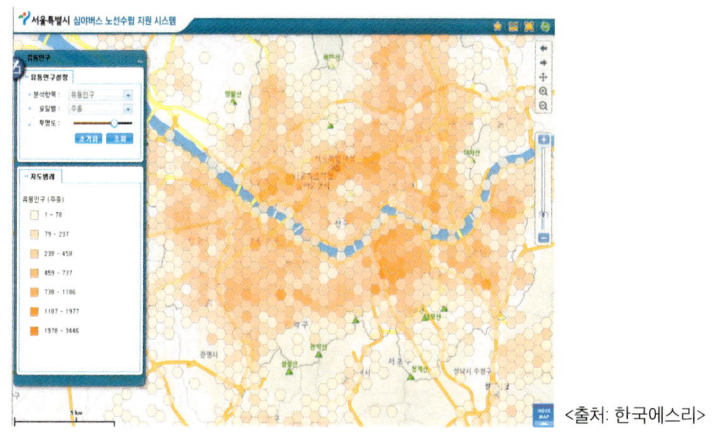

<출처: 한국에스리>

이를 통해 도출된 노선은 그동안 검토 중인 노선안과 95% 이상 일치했고, 시는 이 노선들을 최종 확정할 수 있었다. 올빼미 버스에 대한 만족도는 2013년 서울시가 추진한 33개 정책 가운데 가장 유용한 정책 1위로 꼽혔고, 시민들의 만족도도 80% 이상으로 조사되었다.

영어나 일본어 등 외국어 공부를 할 때 많이 사용하는 '구글 번역기'도 빅데이터를 이용한다. 전세계 사람들이 구글 번역기에서 사용한 단어, 어구, 문장 등을 패턴화하여 데이터로 저장하고, 번역이 올바른지 번역한 내용을 평가하고 수정하도록 하면서 데이터를 쌓아왔다. 그래서인지 '한국어 → 영어'로 바로 번역하는 것보다 '한국어 → 일본어 → 영어' 순으로 중간에 일본어를 거쳐서 번역하는 것이 더 정확한 경우가 있다. 이유는 한국어와 일본어는 어순이 동일하고, 같은 한자권이라 단어의 유사성이 있기 때문이다. 그보다 더 큰 이유는 일본어 ←→영어 사이의 번역은 한국어 ←→영어 사이의 데이터 양보다 훨씬 많은 사람들이, 월등히 많은 번역으로 데이터를 쌓아왔기 때문이다. [04]

한국어 → 영어	한국어 → 일본어 → 영어

한국어 ▾   ⇄   영어 ▾   ◀))
 	
 여러분들이 몰랐던   I did not know
 구글 번역기   Google Translator
 	
 _{Google 번역에서 열기}
	한국어 ▾ ⇄ 일본어 ▾ ◀))
	
	 여러분들이 몰랐던 皆さんが知らなかっ
	 구글 번역기 た Google の翻訳
	               Minasan ga shiranakatta gūguru
	               no honʼyaku
	
	 _{Google 번역에서 열기}
	
	 일본어 ▾ ⇄ 영어 ▾ ◀))
	
	 皆さんが知らなかっ Google translation
	 た Google の翻訳 that you did not
	               know
	
	 _{Google 번역에서 열기}

　예시된 문장은 '여러분들이 몰랐던 구글 번역기'인데 이를 곧바로 영어로 번역하면 'you did not know google translator'다. '당신은 구글 번역기를 몰랐다'는 엉뚱한 의미가 전달된다. 하지만 일본어를 한번 거쳐 다시 번역하면 'google translation that you did not know'로 거의 의미가 변하지 않는다. 이는 영어를 한국어로 바꿀 때도 다르지 않다.

　여기서는 사물인터넷(IoT)과 빅데이터만 잠깐 살펴봤지만, 이외에도 우리의 미래를 밝혀줄 신기술은 너무도 많다. 어디에서나 접속이 가능한 클라우드 컴퓨팅(Cloud Computing), 의미 기반으로 웹 페이지끼리 대화도 하는 시멘틱 웹(Semantic Web), 로봇 기술 등 자고 나면 새로운 기술과 기기들이 쏟아진다.

　이 모든 것을 다 알 필요는 없다. 이런 기술들이 가져올 미래 세상은 생각보다 빨리 다가올 것이다. 20년 전 삐삐에 숫자로 의미 (7979, 8282)를 만들고, 공중전화에서 차례를 기다려 메시지를 확인했던 우리가 지금의 스마트 폰과 사물인터넷의 세상을 상상이나 할 수 있었겠는가. 우리 아이들이 살아갈 세상은 지금과는 전혀 다른 세상이 될 것이다.

기술의 발전이 항상 좋은 것만은 아니다. 개인 프라이버시의 문제, 사회 감시의 빅 브라더[1] 문제 등 많은 해결 과제들이 있지만, 기술의 발전으로 영화 속 장면이 현실처럼 이루어졌으면 하고 바랄 때가 있다. 특히, 영화 '마이너리티 리포트'에 보면 스파이더 로봇이 건물에 침투되어 빔을 쏘며 건물의 투시도를 완성하고, 적외선 센서로 온도를 감지해 건물 내부 사람들의 위치를 파악하는 장면이 나온다.

스파이더 로봇

---

1) 빅 브라더(Big Brother): 조지오웰의 소설 《1984》에 등장하는 기술과 체제를 통해 사회를 감시하는 독재

예기치 못한 재난의 현장에서 아무런 손도 써보지 못하고 골든
타임을 놓쳐버리는 일을 반복하지 않기 위해서, 기술이라도 빨리
발전되었으면 하는 부모로서의 간절한 바람이 있다.

내 아이는 디지털 네이티브 (Digital Native) 세대

나는 태어날 때부터 한국어를 쓰는 부모에게서 태어났고 한국어를 쓰는 문화 환경에서 자라왔다. 그래서 아무리 영어를 배운다 해도 영어를 모국어로 하는 사람들, 즉 원어민(Native Speaker) 수준으로 따라 하기 힘들다. 자라오면서 보고 들어온 문화적 환경에 차이가 있기 때문이다. 그런데 태어날 때부터 초고속 인터넷이 보급되고, PC뿐 아니라 휴대전화까지 광범위하게 보급된 디지털 시대에 태어난 세대가 있다.

☞ **디지털 네이티브(Digital Native) 세대**

개인용 컴퓨터, 휴대전화, 인터넷, MP3와 같은 디지털 환경을 태어나면서 부터 생활처럼 사용하는 세대(Generation)

미국의 교육학자인 마크 프렌스키(Marc Prensky)가 2001년 그의 논문

「Digital Native, Digital Immigrants」를 통해 처음 사용한 용어로 1980년대 개인용 컴퓨터의 대중화, 1990년대 휴대전화와 인터넷의 확산에 따른 디지털 혁명기 한복판에서 성장기를 보낸 30세 미만의 세대를 지칭한다.

〈출처: 위키백과〉

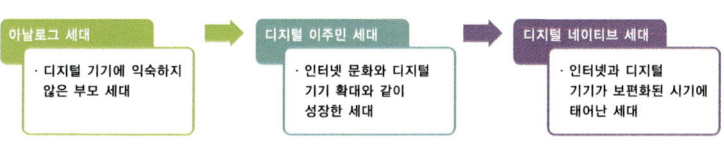

[그림 6] 디지털 네이티브 세대

우리의 부모 세대는 '아날로그(Analogue)' 세대이다. 컴퓨터 사용이나 인터넷을 통한 정보 검색이 아직도 어렵다. 디지털 기기와 디지털 문화에 익숙하지 않은 세대이다. 그에 비해 PC 통신을 거쳐 초고속 인터넷의 확대를 경험하고, 나날이 새로워지는 디지털 기기에 속도를 맞춰 성장한 세대를 '디지털 이주민(Digital Immigrants)'이라 할 수 있다. 대략 30대 이상의 연령대이다.

'디지털 네이티브(Digital Native)' 세대는 태어날 때부터 초고속 인터넷이 일반화되고, 디지털 기기(PC, 휴대전화, MP3 등)가 널리 보급된 시기에 태어난 세대이다. 통계청 조사에 따르면, 우리나라의 30세 미만 연령층으로 총인구의 48%인 2,000만 명 이상이 바로 디지털 네이티브(Digital Native)라 할 수 있다. 누군가는 '마우스를 쥐고 태어난 세대'라고 말했다.[05] 우리의 아이들이 바로 디지털 네이티브 (Digital Native)이다. 인터넷의 성장과 함께 자라온 우리와는 확연히 다르다. 너무도 자연스럽게 디지털 기기가 넘쳐나는 디지털 환경에 노출되어 자라왔다.

이제 겨우 3살이 된 나의 아이도 스마트 폰 작동법을 벌써 알고, 심지어 TV 화면을 손가락으로 밀며 왜 안 되는지 의아해 한다. 인터넷에서 원할 때면 언제든지 볼 수 있는 뽀로로를 왜 EBS에서는 정해진 시간에만 봐야 하는지 이해하지 못한다. 새로 산 스마트 폰을 설명서부터 읽어야 안심하고 사용할 수 있는 우리와 다르게 이것저것 눌러보며 직접 탐색하며 알아가는 우리 아이들이 바로 디지털 네이티브이다. 아마도 이 아이들은 마우스(Mouse)라는 단어를 '쥐'라는 뜻보다 '컴퓨터 입력기기의 마우스'로 먼저 떠올리게 될 것이다.

 마우스?

《디지털 네이티브》라는 책을 쓴 미국의 돈 탭스콧(Don Tapscott)이 정리한 키워드를 중심으로 디지털 네이티브의 특징을 살펴보자.

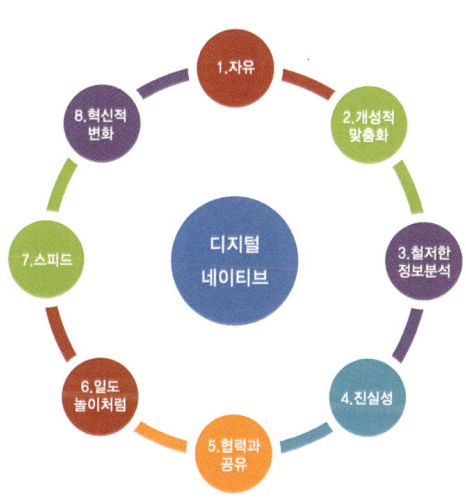

[그림 7] 디지털 네이티브의 특징

디지털 네이티브는 인터넷에서 무엇을 선택할지, 어떻게 표현할지 선택
의 자유에서부터 표현의 자유까지 다양한 자유로움을 만끽하며 산다.
디지털 기기와 콘텐츠를 자신의 개성대로 바꾸고 맞춤화하며, 인터넷
의 정보를 추적하고 검색하는데 능숙하고, 철저한 정보 분석 능력을 이
용해 '네티즌 수사대'와 같은 사회의 감시자 역할을 하기도 한다. 기업의
광고를 그대로 믿기보다 진실성과 정직함의 가치를 중시한다.
공동의 목표를 위해 타인과 협력하고 공유하기를 즐기며, 일도 놀이
처럼 단순한 생계유지를 넘어서서 즐거움이 되어야 한다 생각한다. 빠
른 피드백과 즉각적인 타인에 반응에 익숙한 '속도의 세대'이며, 세상
은 충분히 변화 가능하고 그러한 변화의 주체가 되기를 두려워하지 않
는 혁신적 도전가이다.

2014년 통계청 발표에 의하면 초·중·고등학생 10명 중 9명(91.5%)이 휴대전화를 보유하고 있다(초등학생은 4~6학년 대상). 스마트 폰을 가지고 있는 경우도 8명(81.5%)이나 된다. 디지털 기기에 대한 익숙함을 넘어 블로그를 만들어 관심사를 나누고, SNS의 팔로워 수를 신경 쓰는 세대가 우리 아이들이다.

'디지털 네이티브'에게 디지털 세상은 그저 네트워크로 연결된 가상의 공간이 아니다. 현실 세계보다 더 솔직하게 자신을 드러내고 교류할 수 있는 곳이 바로 디지털 세상이다. '훈녀생정'이라는 블로그가 있다. '훈훈한 여자들을 위한 생활 정보'라는 뜻으로 청소년들 사이에 유행하는 새로운 유형의 블로그이다. 게시물은 청소년들의 유행 패션, 화장법 등을 정보들이 대부분이다. 한 포털 사이트에서만 1,000여 개의 훈녀생정 블로그가 운영 중이다.

이렇듯 '디지털 네이티브'들은 누가 가르쳐 주지 않아도 디지털 세상에서 정보를 공유하고 자신의 존재 가치를 찾는 등 다양한 활동을 하며 영역들을 확대하고 있다. 그런데 이 '훈녀생정' 블로그에 10대들의 건전한 관심사만 올라오는 것은 아니다. 외모 지상주의를 부추기고, 확인되지 않은 정보들이 무분별하게 올라올 수도 있다. 이러한 정보들이 올라왔을 때, 아이들이 알아서 제대로 정보를 분별해 받아들일까 의문스럽다.

우리는 아이가 5~6세쯤 되어 어느 정도 상황을 분별할 나이가 되면 낯선 사람을 따라가지 말라고 가르친다. 유괴 당하는 경우에 대비해 전화번호를 외우게 하고, 위험한 장소는 가지 말라고 가르친다. 그런데 디지털 세상에서는 어떤가? 지금도 수많은 웹 페이지들이 아이들을 유괴해 가고 있다.

당장 인터넷 뉴스만 보려 해도 선정적 문구와 광고가 화면에 가득하다. 무료로 프로그램을 나누어 준다는 말에 혹해 스파이웨어가 숨겨진 프로그램을 그대로 다운로드 받을 수도 있다. 심지어 고가의 게임 아이템을 싼 값에 준다고 부모님의 주민번호를 그대로 요구하는 사이트가 있다면, 우리는 아이들을 어떻게 보호할 것인가? 우리 집 컴퓨터만 잘 막아놓으면 아무 문제 없을까? 아이가 친구들에게 보여주면 재미있겠다 생각해 블로그로 아무 생각 없이 옮겨 놓은 남의 사진이나 노래들을 그냥 아이가 한 일이니 봐주겠지 생각할까?

'디지털 네이티브'에게는 디지털 시대에 맞는 교육이 필요하다. 안전하게 생활하기 위해 개인 정보를 어떻게 보호해야 하는지 알아야 한다. 다른 사람의 디지털 콘텐츠를 허락 없이 사용하는 것이 얼마나 위험한지, 지적 재산권을 침해하지 않기 위해 무엇을 확인해야 하는지 기본적으로 알아야 한다. 더 나아가 디지털 세상에서 새로운 영역을 개척하며 직업을 갖고 가치를 창조해 나가야 하는 것이 우리 아이들이다. 자신이 만든 창작물을 안전하게 보호하고, 창작의 영역을 확대하기 위한 기술적 개념들을 알아야 한다.

이제 컴퓨터나 소프트웨어를 특정한 기술과 전문가만이 다루는 것이라고 생각하던 시대가 지나가고 있다. '디지털 네이티브'는 자신이 필요한 소프트웨어는 스스로 만들고, 자신의 생각과 느낌을 소프트웨어를 통해 디지털 세상에 거침없이 펼칠 수 있는 세대가 되어야 한다.

그렇다고 우리의 아이들이 모두 SW 프로그래머가 될 필요는 없다. 직업적으로 꼭 SW 프로그래머가 되어야만 하는 것은 아니라는 말이다. 그들이 좋아하는 분야에서 각자 자신의 일을 하며 SW나 Data에 대한 처리가 필요할 때 SW 프로그래밍을 하고 빅데이터를 활용하면 되는 것이다. 의사가 꿈인 아이도 있고, 법률가가 꿈인 아이도 있다. 인간 게놈 유전 정보와 디지털 행동 양식 간의 의학적 논문을 쓸 수도 있고, 디지털 세상의 악의적 범죄를 차단하기 위해 대량의 유사 사건과 디지털 증거들에 대한 검색이 필요할 수도 있다.

인간의 생활과 행동양식이 점점 디지털 세상으로 확대되고 있는 시점에서 디지털 세상을 이해할 수 있는 컴퓨팅 사고력(Computational Thinking)은 이제 선택이 아닌 필수가 되어간다. 우리보다 훨씬 더 진화된 디지털 세상에서 살아갈 아이들. 디지털 네이티브에게는 디지털 세상에 적합한 사고 방식이 필요하다.

컴퓨팅 사고력 (Computational Thinking)이란 무엇

디지털 네이티브로 살아갈 우리의 아이들이 가져야 할 중요한 생각의 방식, 사고의 체계를 소개한다.

컴퓨팅 사고력(Computational Thinking)이란 무엇일까? 컴퓨터와 관련된 사고 방식을 이야기하는 것 같은데 정확한 의미가 떠오르지 않는다. 학계에서도 아직 이 용어에 대한 통일된 명확한 정의는 없다. Computational Thinking에 대한 한국어 번역도 컴퓨팅적 사고, 정보과학적 사고, 계산적 사고, 컴퓨터과학적 사고 등 다양하다.

이 책에서는 최근에 발표된 교육부의 '소프트웨어 교육 운영 지침'에 정의된 용어로 '컴퓨팅 사고력'이라고 통일한다. 컴퓨팅 사고력(Computational Thinking)이란 용어는 2006년 자넷 윙(Jennette Wing)에 의해 처음으로 소개되었다.

☞ Definition(정의) **06**

"Computational Thinking involves solving problems, designing systems, and understanding human behavior,

By drawing on the concepts fundamental to computer science."

컴퓨팅 사고력이란 컴퓨터 과학의 기본 개념을 바탕으로 문제를 해결하고,

시스템을 설계하고, 인간 행동의 이해하는 것을 포함한다.

☞ Vision(비전)

"A fundamental skill used by everyone by the middle of the 21st century(i.e. like reading, writing, and arithmetic)."

이것은 읽기, 쓰기, 셈하기처럼 21세기를 살아가는 모든 사람에게 기본적으로 필요한 능력이다.

교육부의 '컴퓨팅 사고력'의 정의는

컴퓨팅의 기본적인 개념과 원리를 기반으로 문제를 효율적으로 해결할 수 있는 사고 능력 이다.

컴퓨팅 사고력의 구성요소는 다음의 6가지를 들 수 있다.

[그림 8] 컴퓨팅 사고력의 구성요소

　　컴퓨팅 사고력을 이용해 문제를 해결하기 위해서, 우리는 문제를 분해하고 구조화하여 문제를 인식한다. 그리고 관련된 데이터를 논리적으로 구분하거나 패턴화하며 조직하고 분석한다. 모델링, 시뮬레이션을 위해 문제를 간결하게 개념적으로 추상화[2] 하고, 문제 해결의 절차를 알고리즘으로 만들어 자동화한다. 여러 해결 방안

---

2)　추상화: 실세계의 복잡한 상황을 간결하고 명확하게 핵심 내용을 단순화하여 일반 사람들도 이해하기 쉽게 언어나 그림으로 표현함. 구체화의 반대말. <출처: 정보통신기술 용어해석>

중에서 가장 효율, 효과적인 것을 평가 검증하며, 문제 자체를 일반화시켜 해결책을 도출한다.[07]

구조화, 추상화, 알고리즘, 자동화, 일반화 등 당장 이해하기 어려운 말들이 너무 많이 나온다. 분명히 한국어로 읽었는데, 나만 이해가 안 되는 건가? 아니다. 원래 쉽지 않은 개념이다. 이해가 안 될 때는 내 방식대로 발칙하게 해석해 보자.

컴퓨팅 사고력 그게 뭔데?

발칙한 해석

컴퓨팅 사고력(Computational Thinking)

디지털 세상에서 먹고 살기 위해 알아야 하는 기초적인 개념과 문제 해결을 위한 생각의 방식

너무도 적나라한 생활밀착형 정의라고 당혹스러운가? 머리로 이해 안 될 때는 가슴으로 이해하는 절절한 표현이 최고다.

'먹고 살기 위해서'라는 말은 여러 가지 의미가 있다. 우리가 다른 나라로 여행 갈 때를 생각해보자. 단순히 여행을 간다면, 그냥 그 나라의 문화와 풍경 등을 즐기기만 하면 된다. 골치 아프게 그 나라의 행정구획이 어떤 체계이고, 교통 수단들이 어떻게 구성되었고 하는 것을 자세하게 알 필요가 없다. 그냥 내가 필요한 대로 잠깐 알아봐서 필요할 때만 쓰면 그만이다.

그런데 만약 그 나라에 가서 살아야 한다면 얘기는 달라진다. 그 나라의 행정구획이 어떻게 구성되었는지, 우리 집 주소를 자세히 알아야 하고, 사회적인 신분증을 만들기 위해서 시청에서 만드는지 주민 센터에서 만드는지 알아야만 하는 것이다. 교통수단도 버스, 택시, 지하철이 있는지, 트램(tram, 노면전차)이 있는지 등을 익혀두어야 이동할 수 있다. 또한 내게 뭔가 문제가 생겼을 때 어떻게 처리해야 하는지 일 처리 방식들을 알아 두어야 한다.

디지털 세상의 확대와 같이 성장한 나와 같은 디지털 이주민들은 디지털 세상이 어떻게 구성되었고, 어떻게 일을 처리해야 하는지 상세하게 알아야 할 필요가 별로 없다. 하지만 디지털 네이티브인 우리 아이들은 디지털 세상에서 '먹고 살아야' 한다. 직업을 갖고, 가치를 창출하며, 사람들과 교류하면서 살아야 하는 것이다. 디지털 세상에서 기본적 생활을 할 뿐만 아니라 자신의 가치를 드러내고, 꿈을 펼치며 살아야 한다. 그러기 위해서 컴퓨팅의 기본적인 개념과 원리들을 알고 이것들이 어떻게 움직이는지 알 수 있어야 한다. 그렇다고 학문적이고 개념적으로 접근하자는 것이 아니다. 지극히 우리 실생활과 밀접하게 연관되어 있는 것을 중심으로 디지털 세상에서 그것이 어떻게 대응되고 어떻게 풀이되는지 배워가자는 것이다.

여기 '컴퓨터'라고 하는 멍청한 녀석이 있다. 알아서 척척 뭐든지 하는 것이 컴퓨터 아닌가 생각했다면, 다시 생각해 보자. 프로그래머가 코딩하지 않으면 컴퓨터는 아무것도 할 수 없다. 아무리 사소한 기능이라 해도 프로그램으로 한 줄, 한 줄 코딩하지 않으면 아무것도 동작할 수 없는 것이 바로 '컴퓨터'이다. 바로 그런 단순한 녀석을 데리고 디지털 세상에서 문제를 해결해 나가야 한다. 그 녀석이 알아들을 수 있도록 문제를 작게 나누어 알려주고, 해결 방법을 모델링 하고, 알고리즘을 짜야 한다. 너무 고차원적으로 이야기 하면 못 알아 들으니 우리가 그 녀석이 알아듣는 말(프로그래밍 언어)로 명령을 내려야 한다.

컴퓨팅 사고가 무엇인지 예를 들어 보자. 당신이 외국인 친구에게 라면 끓이는 법을 설명해야 한다고 해보자. 어떻게 라면 끓이는 과정을 설명할까?

1. 라면 한 개를 꺼내온다.
2. 냄비에 물 500ml를 넣고 뚜껑을 덮는다.
3. 가스에 불을 켠다.
4. 물이 끓으면 라면을 넣는다.
5. 스프도 넣는다.
6. 달걀과 파를 넣는다.
7. 불을 끈다.
8. 라면을 먹는다.

한 그릇의 라면을 얻기까지 이러한 일련의 과정들을 거친다. 당신은 각 단계별로 일을 세분화해서 나누고, 각 단계에서 해야 할 일들을 정의했다. 문제 해결을 위해 각 단계를 나누고, 단계별로 기능들을 설계하는 일. '알고리즘'을 만드는 일이다.

당신이 500명이나 되는 연락처를 가지고 있다.[08] 친구 '홍길동'을 찾기 위해 500명을 모두 한 번씩 들여다 보아야 한다면 곤란하다. 이럴 때 우리는 어떻게 했던가 생각해 보자. 바로 가나다 정렬로 연락처를 정리해 두고, '하'에서 홍길동을 찾을 것이다. 이렇게 데이터를 정렬하는 것. 컴퓨팅 개념으로 보면 '가나다 정렬'이다(인덱스 검색 알고리즘, Index Search).

당신은 영화관의 사장이다. 영화관 매표소의 창구가 1개라서 손님들이 줄을 300m나 서 있어야 한다면 어떻게 할까? 당연히 매표소 창구를 2~3개 더 늘릴 것이다. 매표소 창구가 하나일 때보다 2~3개일 때가 일 처리 속도가 더 빠르다. 컴퓨팅 개념으로 '병렬적으로 처리하기'이다(병렬처리, Parallel Processing).

이번에는 문제를 하나 풀어보자.

문제) 다음 중에서 나머지와 방식이 다른 하나를 고르시오.

1. 나의 하드디스크에 저장되어 있는 파일과 디렉토리
2. 우리 집 족보에서 부모님과 나의 관계
3. 2015 호주 아시안컵 토너먼트 대진표

4. 페이스북과 트위터의 나의 친구들

5. 정부 기관의 조직도

자, 몇 번인지 알겠는가? 4번은 그래프(Graph) 구조이고 나머지는 모두 트리(Tree) 구조이다.

그래프 (Graph) 구조　　　　　　　　**트리 (Tree) 구조**

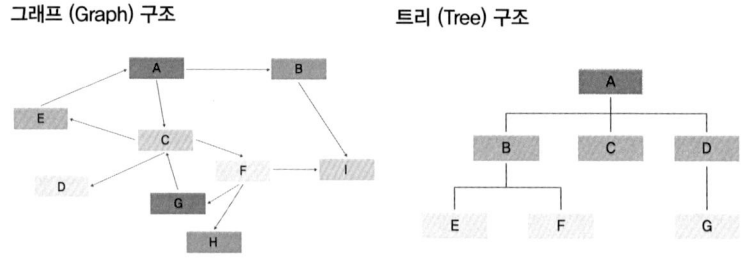

[그림 9] 그래프 구조와 트리 구조

이처럼 우리가 일상적으로 마주치는 문제들을 컴퓨터적 기본 개념과 처리의 방식을 가지고 생각하는 것이 컴퓨팅 사고력(Computational Thinking)이다.

컴퓨팅 사고력은 문제를 해결하기 위한 접근법이다. 컴퓨팅 사고력을 갖춘 사람은 문제 해결의 목표와 방법을 명확히 구분하여 사고할 수 있다. 일반적인 사람들은 문제를 인지하고 해결하는데 있어 무엇을 해야 하는지, 어떻게 해야 하는지에 대해 명확히 구분하지 못한다. 컴퓨팅적 사고를 하는 사람은 절차와 결과(절차를 통한 결과 산출)의 차이를 명확하게 구분함으로써 크고 복잡한 문제를 해결 가능한 상태의 단위로 분해하고, 이를 해결하기 위한 컴퓨팅 시스템을 구현하고 활용할 수 있다.[09]

점점 더 많은 영역들이 디지털 세상으로 옮겨지고, 디지털 세상의 방식으로 구현될 것이다. 컴퓨팅 과학적 개념을 가지고, 창의적으로 문제를 해결하며, 자신의 생각을 디지털 세상에서 표현하기 위해 컴퓨팅 사고력은 무엇보다도 중요한 능력이다.

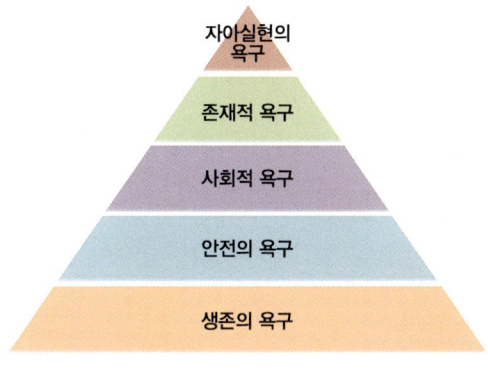

[그림 10] 매슬로우의 욕구이론

디지털 세상이 점점 확대되어 갈수록 인간의 욕구가 그대로 디지털 세상에 반영될 것이다. 인터넷 접속이 안되면 사람들은 답답해 한다. 인터넷을 통해 디지털 세상에 '생존의 욕구'를 느끼는 것이다. 좀 더 안전하게 자신의 개인정보를 보호받기 바라는 '안전의 욕구'가 있고, '사회적 욕구'를 위해 페이스북과 트위터에 열중한다. 주목 받는 존재, 영향력 있는 사람이 되고 싶어 팔로워 수에 민감하며 디지털 세상에서 '자아실현'을 하기 원한다.

◆ 우리 아이들은 일생 동안 3개 이상의 영역에서 5개 이상의 직업과 12~15개의 서로 다른 직무를 경험하게 된다.

◆ 2020년 직업의 70%는 지금 존재하지 않는 것들이고, 2020년 기술의 80%는 아직 개발되지 않았다.

◆ 2010년 상위 10대 직업은 2004년 존재하지 않았다. [10]

1945년에 태어나신 나의 아버지는 5살에 6.25전쟁을 겪었고, 밥을 남긴 나에게 보릿고개 이야기를 2~3시간씩 하셨다. 평생 컴퓨터를 켜보신 적이 없고, 인터넷은 더더욱 해보신 적이 없던 분이었다. 아버지의 딸이 SW 프로그래머라는 직업을 가졌다고 했을 때, 아버지는 정확하게 그것을 이해하지 못하셨다. 아버지의 친구분들이 물으시면, "콤퓨따 그거 한대"라고 말씀하시는 것이 전부였다.

어쩌면, 나도 우리 아이들의 직업을 정확히 이해하지 못할 수도 있다. 평생 직장의 개념이 사라진 지 오래이고, 안정된 직장이라는 개념도 희박해지는 시기이다. 앞으로 우리의 아이들은 변화하는 시대에 맞게 자신의 직업을 새롭게 정의하며, 디지털 세상에서 이전에는 생각지도 못하던 가치를 창출하며 살 것이다.

우리는 이미 디지털 세상의 영향이 실생활로 파급되는 시대에 살고 있다. 2009년 7월 7일 777디도스(DDos) 공격이 있었다. 한국과 미국의 주요 정부기관과 포털 사이트, 은행 등이 디도스 공격으로 마비된 사건이 발생했다. 그때 뉴스에서 DDos 공격의 방식과 Dos 공격의 차이를 그림으로 설명하는 것을 보고 나는 많이 놀랐다. IT에서 일하는 사람들이나 알만한 용어들을 전국민이 시청하는 뉴스에서 자세히 설명하고 있는 것이었다. 이제는 웬만한 사람들은 안다. 만약 어떤 은행사이트가 디도스(DDos) 공격을 받는다고 하면 사이트 접속이 힘들고 인터넷뱅킹이 안 된다는 것을. IT의 지식, 컴퓨터 과학의 지식이 일반적 상식이 되어가는 시대이다.

이런 뉴스도 상상해 볼 만하다.

"내년 말 치러질 선거에서 처음으로 도입되는 전자투표시스템의 보안을 두고 여야가 첨예하게 대립하고 있습니다. 여당은 클라우드 컴퓨팅의 멀티 테넌시(Multi Tenancy)[3] 문제로 인해 투표의 기밀성이 훼손될 우려가 있다는 입장이고, 여당은 새로운 보안 기술의 도입으로 문제가 없다는 입장입니다. 그 가운데 일주일 후 예정된 화이트해킹 테스트[4]의 결과에 온 국민의 이목이 집중되어 있습니

---

3) 멀티 테넌시(Multi Tenancy): 클라우딩 컴퓨팅에서 하나의 시스템을 여러 고객(기업)이 사용하는 형태.

4) 화이트해킹(White Hacking): 악의를 갖고 개인 정보를 탈취하고, 시스템을 파괴하는 블랙해커에 맞서 방어적인 입장으로 컴퓨터 온라인 보안상의 취약점을 분석하고 이를 해결하는 역할을 하는 해킹, 보안테스트의 일종.

다. 다음 소식……"

위의 뉴스에서 어려운 기술용어가 나왔다고 주눅들지 마시라. 쉽게 말해 온라인 투표소에서 옆 사람이 누구를 찍나 엿볼 수도 있다는 뜻이다. 그저 상상이니 웃자고 한 말에 죽자고 찾아보지 마시길 바란다.

현실 세계가 디지털 세상으로 빠르게 확대되어 간다. 디지털 세상도 현실 세계로 영향을 주고 있다. 이 사실은 컴퓨팅 사고가 왜 먹고 사는 문제와 연관되는지, 왜 미래의 삶에 필수적인지 말해주고 있다.

3.
세계적
추세가 된
SW 교육 열풍

해외 SW 교육의 흐름

최근 미국에서는 버락 오바마(Barack Obama) 대통령이 동영상에 직접 출연해 소프트웨어 교육의 중요성을 강조하며, 민간기업과 단체 중심으로 '아워 오브 코드(Hour of Code)' 캠페인을 벌이고 있다. '하루에 한 시간씩 코딩을 하라'. SW 코딩을 SW 프로그래머만 하는 것이 아니라 일반 사람들 누구나 원하면 쉽게 코딩을 배울 수 있다는 캠페인이다.

컴퓨터 코딩 교육 열풍이 불고 있다. 프로그래밍 언어가 디지털 세계의 링구아 프랑카(국제 통용어)로 인식되면서 미국과 영국에서는 올 가을부터 코딩을 정규과목으로 채택하여 학생들을 가르칠 계획이다. 작년 12월부터 코드닷오알지(Code.org)가 주도한 '아워 오브 코드(Hour of Code)' 이벤트는 접속자가 3,500만 명을 넘어섰다.

'코딩을 배우세요. 코딩이 당신의 미래일 뿐만 아니라 조국의 미래이기도 합니다. 새로운 비디오 게임을 구입하지 말고 직접 만들어 보세요. 어플리케이션(이하 앱)을 다운로드 받지 말고 직접 디자인하세요. 컴퓨터 프로그래머는 탄생하는 것이 아닙니다. 교육을 받으면 누구나 할 수 있습니다. 어디에 거주하건 컴퓨터는 당신의 미래를 좌우할 겁니다.

〈출처: 2014년 5월 15일 중앙일보 KoreaDaily 뉴스〉

세계 여러 나라에서 컴퓨팅 교육을 넘어 소프트웨어 코딩 교육을 정규 교육과정에 도입하고 있다.

| 2000년 컴퓨터 활용 (Computer Literacy) | 2014년 컴퓨터 과학 (Computer Science) |

이스라엘 – 컴퓨터 과학	영국 – 컴퓨팅
인도 – 프로그래밍	미국 – 컴퓨터 과학
중국 – 컴퓨터 과학	일본 – 정보

[그림 11] 컴퓨팅 교육의 변화

연도	국가	내용
2010-2013년	인도	초·중등에서 필수과목으로 채택
2011년	이스라엘	중학교 CS과정 개발 및 운영(고등 이미 필수)
2012년	일본	'정보' 과목을 고등학교 필수과목으로 채택
2014년	영국	'컴퓨팅' 과목을 5~16세 필수과목으로 채택
2014년	미국	코딩 교육 사이트 Code.Org 가입자 3천 7백만 명 돌파
2014, 2015년	에스토니아, 핀란드	개정 움직임
2015년	미국	30개 교육청 정보과학을 졸업필수 과목 지정 예정
2016년	미국	AP코스 'Computational Thinking' 과목 실시 결정

[표 4] 최근 해외 교육과정 변화

　　최근(2010~2016년) 북유럽/미국/동아시아(디지털 경제를 주도할 국가) 중심으로 정보과학/코딩 교육의 변화가 뚜렷하다.[11] 교과 과정의 상세 내용을 보면 대부분 고등학교 과정에서 필수 과목으로 배우고 있다. 영국과 인도는 초등학교부터 컴퓨팅(Computing) 과정을 필수로 교육받는다.

국가	교과 존재 형태		필수/선택	과목명 및 존재 형태	학령
	독립	통합			
영국	○		필수	Computing	초, 중, 고
일본	○		둘 중 선택 필수	사회와 정보, 정보과학	고등학교
		○	필수	기술(175시간 중 55시간)	중학교
중국	○		필수 2단위 + 선택 2단위	정보기술 + 정보과학	고등학교
		○	선택	종합실천활동 5개 영역	초등 3~ 중학교
이스라엘	○		선택/필수	컴퓨터과학	고등학교
		○	필수	과학의 7단원 중 2단원	중학교
인도	○		필수	Computer Masti	초, 중, 고
에스토니아	○		과학군(선택)	Basics of programming and development of software applications	고등학교
	○		선택	정보(informatics)	Basic school

[표 5] 각 국가별 컴퓨팅 교과 구성

　SW 교육 특히나 SW 코딩 교육을 각 국가들이 앞다투어 필수 교과로 지정하고 교육에 들어가고 있다. 실제로 미국과 영국의 커리큘럼을 자세히 들여다보며 어떤 교육들이 이루어지고, 그러한 커리큘럼이 어떤 의미를 갖는지 하나하나 살펴보자.

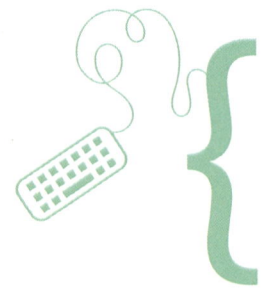

미국의
컴퓨터 과학
커리큘럼

SW 교육에 대한 열풍이 불고 있는 미국의 컴퓨터 교육과정을 보았다. 컴퓨터 과학(Computer Science) 과목을 Level 1(Grades K-6), Level 2(Grades 6-9), Level 3(Grades 6-12)로, 우리나라로 치면 초등, 중등, 고등 교육 과정의 교육을 받게 된다.

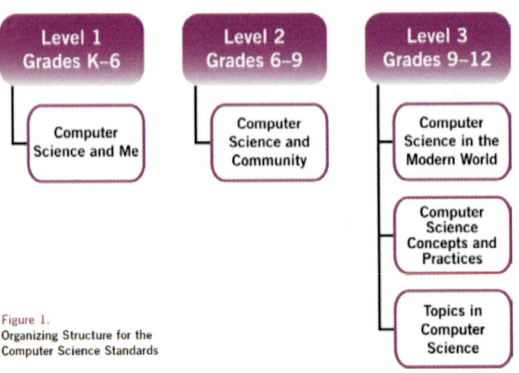

Figure 1.
Organizing Structure for the
Computer Science Standards

요소	내용
1단계 (K-6학년) Computer Science and Me	① 간단한 기술과 정보과학적 사고(computational thinking)를 통합하여 정보과학의 기초 원리 소개 ② 컴퓨터가 우리가 사는 세상에서 매우 중요한 부분을 차지하고 있음을 경험할 수 있도록 유도 ③ 학습, 창작, 탐구 활동을 통해 다른 교과에 정보과학이 포함되어 있음을 경험
2단계 (6-9학년) Computer Science and Community	① 정보과학적 사고를 문제 해결의 도구로써 사용 ② 학생들이 컴퓨터를 활용한 의사소통과 협력하는 방법을 충분히 인식하고, 정보과학적 사고가 그들 주변의 문제를 해결하는데 적절한 방법임을 경험하기 시작 ③ 정보과학 자체만을 배우는 것뿐만 아니라 학습, 창작, 탐구 활동을 통해 다른 교과에 정보과학이 포함되어 있음을 경험
3단계 (9-12학년) Applying concepts and creating real-world solutions	① 3개의 과정으로 분리하고, 각 과정을 통해 학생들은 정보과학의 개념과 그것을 응용하여 개발하는 것을 마스터 함. 　ⓐ 현대 사회의 정보과학(Computer Science in the Modern World) 　ⓑ 정보과학의 개념과 실습(Computer Science Concepts and Practices) 　ⓒ 정보과학의 화제(Topic in Computer Science) ② 실세계의 문제를 탐구하고 정보과학의 원리를 이용하여 해결책을 개발하는데 초점 ③ 프로젝트 학습, 협력 학습, 효과적인 의사소통에 초점을 맞춰 학습

<출처: 한국 컴퓨터 교육학회 자료>

1단계(K-6)에서는 컴퓨팅 사고를 통해 정보과학의 기본원리를 배우고, 일상 생활에서 컴퓨터가 얼마나 많이 쓰이고 중요한지 경험하며, 다양한 교과 과정과 연계하여 학습, 창작을 유도하고 있다.

2단계(6-9)에서는 컴퓨팅 사고를 문제 해결의 도구로 사용할 뿐 아니라, 의사소통, 협업 등의 중요성도 인식시키며 학습, 창작, 탐구 활동에 컴퓨팅 사고를 활용하도록 하고 있다.

3단계(-12)에서는 3개의 세분화 과정을 마련하여 심화학습을 하고, 실세계의 문제를 컴퓨팅 사고를 활용해 해결하고, 프로젝트를 함께 수행하면, 협업과 효과적인 의사소통을 하도록 유도하고 있다.

아래 그림은 미국 컴퓨터 과학 (Computer Science) 교육이 무엇을 목표로 하는지 보여주는 그림이다. [12]

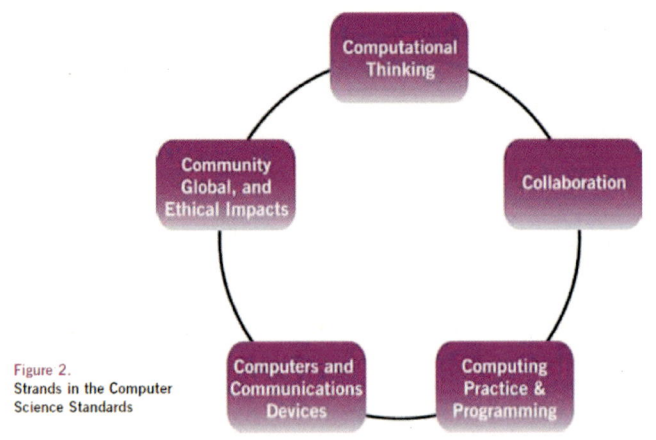

Figure 2.
Strands in the Computer Science Standards

미국의 컴퓨팅 과학 교육의 목적을 한눈에 들여다 볼 수 있다.

'컴퓨팅 사고력(Computational Thinking)'은 디지털 네이티브(Digital Native)로서의 역량 강화를 위해 당연히 필요하다. '컴퓨팅 실습과 프로그래밍(Computing Practice & Programming)', '컴퓨터와 통신기기(Computers and Communications Devices)'도 컴퓨팅과 직접 관계 되는 분야라 이해할 수 있었다. 그런데 놀라운 것은 '협업(Collaboration)'과 '커뮤니티, 글로벌 및 윤리적 영향(Community, Global and Ethical

Impacts)'이 포함되어 있는 것이다.

나는 이 부분에서 신선한 충격을 받았다. '협업(Collaboration)'. 무엇을 공동으로 만들어 내기 위해 협력하는 협업 능력은 SW를 만드는데 무엇보다도 중요하다. 다른 모든 일들이 그렇지만 특히나 SW를 만드는 일은 혼자 힘으로는 할 수 없다. 아무리 프로그램을 잘 짜는 사람이 있어도 그것이 상품으로의 가치를 갖고 시장에서 진화, 발전하려면 한 사람의 힘으로는 어려운 일이다. 내가 만들었던 오픈 마켓의 웹 서비스 하나를 완성하기 위해서도 다양한 사람들과 업무를 조율하고 우선 순위를 설정해야 한다.

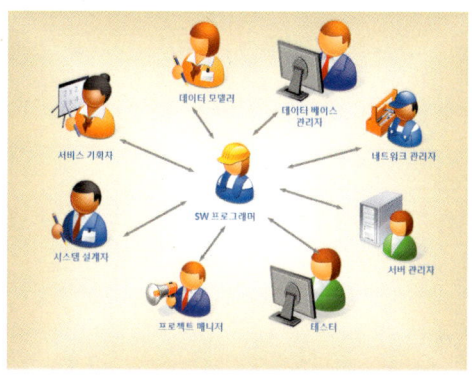

웹 서비스에 어떠한 기능과 가치를 넣을지 기획하는 서비스 기획자, 웹 서비스가 시스템에 어떻게 구성되고 연결될 지 설계하는 시스템 설계자, 실제로 프로그래밍 언어로 코드 구현을 하는 SW 프로그래머, 데이터 베이스에 저장될 데이터의 구조와 형태를 정의하

는 데이터 모델러, 네트워크와 서버 관리자, 전체 프로젝트를 총지휘할 프로젝트 매니저, 웹 서비스가 정상적으로 잘 작동하는지 테스트하는 테스터 등.

하나의 SW가 만들어지기까지 다양한 사람들과의 커뮤니케이션이 필요하다. 각자의 업무를 조율하고, 우선 순위를 정하는 회의가 실제 SW 코드를 설계하고 프로그래밍 하는 시간보다 더 걸리는 경우도 있다. 한 프로젝트당 2~3번의 회의를 거쳐야 하기에 협업의 중요성을 인식하고, 협업하기 위한 올바른 자세를 갖추고 있는 것은 일의 효율성을 높여준다.

협업의 문제는 다른 부서와의 문제만이 아니다. 같은 SW 프로그래머들과의 협업에서도 발생한다. 동일한 소스코드를 여러 프로그래머가 수정해야 하는 경우가 있다. 이 때 중요한 것은 '규칙(Rule)을 준수'하는 것이다.

소프트웨어를 작성할 때 가장 기본이 되는 규칙이 있다. 바로 '읽고, 이해할 수 있도록 쉽게 작성하라'는 규칙이다. 함수의 이름을 정할 때도, 로직을 설계할 때도, 변수(뭔가 값을 받아놓는 곳)의 이름을 정할 때도 가능하면 쉽게 알아볼 수 있도록 이름으로 정하는 것이 좋다. 한번 작성된 코드는 본인이 아니면 그 정확한 작동을 파악할 수 없어서 다른 사람이 함부로 수정할 수 없기 때문이다. 처음 작성할 때 잘 작성하는 습관을 들여야 한다. 예를 들면, 카드결제 관련 변수는 m_Card, 현금결제 관련 변수는 m_Cash. 이렇게 직관적으로 작성하면 누가 보더라도 대략 의미를 유추할 수 있다.

　내가 겪었던 황당한 경우를 소개한다. 어느 날 소스코드를 살펴보던 나는 a1, a2, a3라는 변수로 버젓이 작성된 소스코드를 보았다. 실제 사이트에 반영이 되어 동작을 하는 소스코드였다. 이것이 도대체 무슨 변수이고 어떻게 동작하는지 도저히 알 수가 없었다. 물론 당장 에러를 발생하거나 큰 문제를 일으키지는 않는 소스였다. 나는 궁금했다. 도대체 이런 소스를 누가 작성했을까? 새로 온 신입이 뭘 모르고 작성했을 것 같지만, 아니다. 경력 6년 이상의 과장급 프로그래머가 정말 귀찮은 듯 작성한 코드이다. 별 것 아닌 것 같아 보이지만, 규칙을 지키지 않은 사람으로 인해 다른 사람들은 시간적인 낭비뿐 아니라 업무 집중에 방해가 된다. 더 큰 문제는 장애나 에러가 났을 때 문제의 원인을 파악하기 어렵다는 것이다.

　미국의 커리큘럼 중에서 협업(Collaboration) 부분을 좀 더 살펴보자.

구분	Grade K-3	Grade 3-6
협업 (Collaboration)	1. 선생님과 가족, 친구의 도움을 받아 다른 사람과 전자적으로 정보를 수집하고 대화해보기 2. 기술을 이용하여 친구, 선생님, 다른 사람과의 협력 및 공동 활동 해보기	1. 생산성 기술 도구(워드 프로세싱, 스프레드시트, 프레젠테이션 소프트웨어)를 사용하여 개인 및 공동 쓰기, 대화, 출판 활동 해보기 2. 온라인 자원(이메일, 온라인 토론, 공동 웹 환경)을 이용하여 솔루션이나 제품을 개발하는 공동 문제 해결 활동에 참가해보기 3. 팀워크와 협업이 문제해결과 혁신에 도움이 된다는 것을 인지하기

[표 6] K-12 컴퓨터 과학 표준 교육 1단계 교육 내용[13]

팀워크와 협업이 문제 해결에 도움이 된다는 것을 인지하기

누구나 팀워크나 협업이 도움이 되리라고 생각한다. 하지만 정작 공동의 목표를 위해 자신이 좀 더 일을 해야 하고 코딩의 양이 늘어난다고 할 때, 경험상 많은 사람들은 협력하기를 거부하고 자신의 이익만을 크게 생각하기 쉽다. 이때 협업이 문제 해결에 도움이 된다는 것을 인지하고 경험하고 있는 것은 협의를 할 때 기본적 자세를 다시 생각하고 긍정적으로 협의할 수 있도록 한다.

어느 프로젝트에서 있었던 일이다. 프로젝트 전, "그룹 프로젝트를 통해서 얻고자 하는 것은 무엇입니까?"라는 질문에 '팀워크'라는 답이 가장 많았다. 프로젝트 후, "그룹 프로젝트를 통해서 '실제로' 얻은 것은 무엇입니까?"라는 질문에 거의 대부분 이렇게 대답했다. '아무도 믿지 말라' 앞의 이야기는 얼마나 협업을 진행하기 어려운지 적나라하게 보여준다.

구분	교육 내용
협업 (Collaboration)	1. 생산성/멀티미디어 도구 및 주변 장치를 적용하여 교육과정에서 협력과 도움에 대해 지원하기 2. 공동 디자인, 개발, 게시 활동을 통해 교육 과정의 개념을 설명하고 통신 기술 자원을 사용하여 표현물(비디오, 팟 캐스트, 웹 사이트) 만들기 3. 페어 프로그래밍, 프로젝트 팀과 같은 그룹 학습 활동에 참여하여 동료, 전문가, 다른 사람과 협력해 보기 4. 협력 활동에서 다양한 관점에서의 유용한 피드백을 제공하거나 피드백을 통합하고 수용하기

[표 7] K-12 컴퓨터 과학 표준 교육 2단계 교육 내용

협력 활동에서 다양한 관점에서의 유용한 피드백을 제공하거나 피드백을 통합하고 수용하기

다양한 관점의 의견들을 수용하고 통합하는 것은 창의적 문제 해결의 핵심이다. 좋은 의견들이 많아도, 쉽게 말해 구슬이 서 말이라도 꿰지 못하고 독단적 결론을 내리는 경우들도 흔히 있다.

구분	3A(Computer Science in the Modern World)	3B(Computer Science Principles)
협업 (Collaboration)	1. 소프트웨어 제품을 설계하고 개발하기 위하여 팀으로 작업하기 2. 프로젝트 팀 구성원과 의사소통을 위해 협업 도구(토론 게시판, 위키, 블로그, 버전관리 등)를 사용하기 3. 컴퓨팅이 어떻게 전통적인 형태를 향상시키고 경험, 표현, 소통, 협동의 새로운 형태를 허용하는 것에 대해 기술하기 4. 협업이 소프트웨어 설계와 개발에 어떠한 영향을 미치는지 확인하기	1. 협력 소프트웨어 프로젝트를 진행하는 동안에는 프로젝트 협력도구, 버전관리 시스템, 통합개발환경(IDE)을 사용하기 2. 소프트웨어 프로젝트 팀에 참여함으로써 소프트웨어 생명주기를 경험하기 3. 다른 사람이 작성한 프로그램의 가독성과 재사용성을 평가하기

[표 8] K-12 컴퓨터 과학 표준 교육 3단계 교육 내용

소프트웨어 프로젝트 팀에 참여함으로써 소프트웨어 생명주기를 경험하기

소프트웨어에도 생명이 있다. 소프트웨어에게도 생로병사生老病死의 비밀이 있다는 것이다. 소프트웨어로서 태어나고 성장하고 전성기를 맞이하다 소용이 없으면 폐기되는 과정이다. 처음 개발할 때도 비용이 들어가지만, 실제 성장하며 진화하고 발전할 때 더 많은 비용과 노력이 들어간다. 아이가 태어날 때 드는 비용보다 키우면서 들어가는 비용이 얼마나 큰지 엄마들은 잘 알고 있다.

어느 날, 우리 아이가 며칠을 꼬박 고민하고 토론하며 SW를 만들고 녹초가 되어 자랑할 수도 있다.

"엄마, 나 이거 만드느라 완전 대박 힘들었어!"라고 푸념할 때, 이렇게 말해 보시라. "네가 드디어 디지털 세상에 소프트웨어 하나를 낳았구나! 이제 이 애미 맘을 좀 알겠냐?"

다른 사람이 작성한 프로그램의 가독성과 재사용성 평가하기

읽기 쉬운 코드가 수정하기도 쉽다. 내가 작성한 코드를 내가 읽는 것은 너무도 쉽다. 하지만 다른 사람이 작성한 코드를 읽는다는 것은 다른 사람의 사고 체계를 이해하는 것과 같다. 그렇기에 공동으로 작업하는 소스코드를 읽기 쉽고 재사용 가능하게 하는 작업은 나를 위해서뿐만 아니라 타인을 위해서 모두 중요한 것이다.

협업의 필요성을 머리로 아는 것과 실제로 체감하는 것은 전혀 다른 문제이다. 아이들과 모둠 수업을 진행할 때 이런 시도를 한 번 해보면 좋다. 각 모둠 별로 프로그램을 하나씩 작성하도록 한 다. 그리고 모둠 별로 작성한 결과물을 다음 모둠에게 넘겨서 수 정과 개선을 한 번 진행하는 것이다. 다른 사람의 소스를 이해하 는 것이 얼마나 쉽지 않은지, 함께 지키기로 한 규칙을 지키지 않 는 것이 나와 다른 사람에게 얼마나 어려움을 주는지 알게 될 것 이다.

내가 미국의 커리큘럼을 보고 또 하나 유심히 살펴본 부분이 커뮤니티, 글로벌 및 윤리적 영향(Community, Global, and Ethical Impacts)이다.

구분	Grade K-3	Grade 5-6
커뮤니티, 글로벌 및 윤리적 영향 (Community, Global, and Ethical Impacts)	1. 기술 시스템 및 소프트웨어를 사용할 때 책임 있는 디지털 윤리의식을 알기 2. 기술을 사용하는 동안 긍정적이거나 부정적인 사회적, 윤리적 행동을 구분하기	1. 기술 및 정보의 사용에 있어서 관련된 문제와 부적절한 사용에 대해 토론하기 2. 개인 생활과 사회에 관련된 기술(소셜 네트워킹, 사이버 왕따, 모바일 컴퓨팅 및 통신, 웹 기술, 사이버 보안 및 가상화)의 영향력을 확인하기 3. 전자적 정보 자료에서 발행하는 정확성, 관련성, 포괄성, 편견을 평가하기 4. 컴퓨터와 네트워크에 관련된 윤리적 문제를 이해하기 (접근성, 보안, 개인 정보 보호, 저작권 및 지적 재산권)

[표 9] K-12 컴퓨터 과학 표준 교육 1단계 교육 내용

전자적 정보 자료에서 발행되는 정확성, 관련성, 포괄성, 편견을 평가하기

인터넷에 올라오는 많은 정보와 의견들에 대해서 수동적으로 정보를 수용하는 것이 아니라, 정보가 얼마나 정확한 객관적 사실과 근거를 기반으로 하는지 생각해보고 글쓴이의 편견을 평가하는 것은 올바른 정보 활용을 위해 꼭 필요한 교육 내용이라 할 수 있다.

구분	교육내용
커뮤니티, 글로벌 및 윤리적 영향 (Community, Global, and Ethical Impacts)	1. 정보기술을 사용할 때의 법칙·윤리적 행동을 보여주고, 잘못 사용한 결과에 대해 토론하기 2. 시간에 따른 정보 기술의 변화와 이러한 변화에 따른 교육, 직장, 사회에 미치는 영향에 대해 설명하기 3. 인간의 문화에 대해 컴퓨터 기술의 긍정적이고 부정적인 영향을 분석하기 4. 실제 세계의 문제에 관한 전자 정보 자원의 정확성, 관련성, 적절성, 포괄성, 편견을 평가하기 5. 컴퓨터와 네트워크(보안, 개인 정보 보호, 소유권 및 정보 공유)에 관련된 윤리적 문제를 설명하기 6. 글로벌 경제의 컴퓨팅 자원의 불평등한 분배를 통해 야기되는 평등, 접근, 힘의 문제에 대해 토론하기

[표 10] K-12 컴퓨터 과학 표준 교육 2단계 교육 내용

인간의 문화에 대해 컴퓨터 기술의 긍정적이고 부정적인 영향을 분석하기

클릭 한 번으로 지구 반대편의 정보를 가져오고 소통을 할 수 있는 시대이다. 정보 통신 기술의 발달로 인해 생활은 편리해지고,

시공간을 초월해 많은 것들이 가능해졌다. 하지만 프랑스의 사상가 폴 비릴리오는 이러한 기술이 가져온 '즉시성(Real Time)'과 '즉각성(On Demand)'이 사실은 '속도'라고 하는 전쟁의 속성과 닮아있다고 경고했다. 인간의 육체가 따라가지 못할 정도의 빠른 정보 유입과 시각화는 비판적으로 생각하는 기능을 마비시키고 단순히 정보의 수용자로 전락시킬 수 있기 때문이다.

구분	3A(Computer Science in the Modern World)	3B(Computer Science Principles)
커뮤니티, 글로벌 및 윤리적 영향 (Community, Global, and Ethical Impacts)	(중략) 5. 인터넷 상에서 발견되는 정보의 신뢰성을 평가하기 위한 전략을 설명하기 (중략) 10. 컴퓨터 네트워크와 관련된 보안 및 사생활 침해 이슈에 대하여 기술하기	(중략) 6. 개인 정보 보호 및 보안에 관한 정부 규제의 영향력을 분석하기 (중략) 8. 국제 사회에서 컴퓨팅 자원의 분배 문제에 대하여 평등, 접근, 힘의 문제를 관련 지어 보기

[표 11] K-12 컴퓨터 과학 표준 교육 3단계 교육 내용

국제 사회에서 컴퓨팅 자원의 분배 문제에 대하여 평등, 접근, 힘의 문제를 관련 지어 보기

인터넷이라고 하는 디지털 세상은 어느 국가의 소속이 아니다. 인류라고 하는 공동체의 지식, 교류의 공동자산이라 할 수 있다.

그러므로 디지털 세상을 이해하는데 있어 커뮤니티, 공동체적 인식으로 바라볼 필요가 있다. 사회적 공공재와도 같은 인터넷. 그 밑바탕에는 지식을 갈망하는 욕구, 교류하고자 하는 마음 등 공동체적 선의가 있다. 그것을 지켜나가기 위해 개인들은 높은 윤리 의식과 공동체적 의식을 필요로 한다. 또한 기술의 발전이 공동체의 삶에 어떻게 영향을 미치고, 기여할 수 있을지 생각해 보아야 한다.

　디지털 네이티브(Digital Native)로서 살아가기 위해 인터넷의 수많은 저작물들을 올바로 판단하고, 위험에 대처하기 위해 이러한 교육은 필수적으로 생각하고 고민해 보아야 할 문제이다. 정보기술의 발달이 가져올 수 많은 편리성과 함께 사회적 문제점들도 많다. 우리 아이들에게 이런 것들에 대한 올바른 시각을 심어주는 것도 우리 어른들이 해야 할 일이다.

　미국의 커리큘럼에 대한 자세한 사항은 영어원본 「CSTA K-12 Computer Science Standards」, 한글번역본 「한국인터넷진흥원 글로벌 소프트웨어 교육현황 및 교육 도구 동향」을 참고해 보시기 바란다.

영국의
컴퓨팅 교육
커리큘럼

영국은 2014년 9월부터 5~16세의 모든 교육 단계에서 기존의 ICT 교육을 대체하는 새로운 컴퓨팅(Computing) 과목을 실시하여 프로그래밍 코딩을 필수로 배우게 하는 새로운 국가 교육과정 개편을 발표했다.

초등 과정(Primary)		중등 과정(Secondary)	
1~2학년(5~7세)	**3~6학년(7~11세)**	**7~9학년(11~14세)**	**10~11학년(14~16세)**
알고리즘의 이해	특정 목표 달성을 위한 설계·코딩·디버깅	프로그램 제작	모든 학생에게 상위 학습이나 전문 경력으로 발전될 수 있는 기회제공
심플 프로그램의 제작 및 디버깅	알고리즘 설명을 위한 논리적 사고력	계산 능력을 위한 핵심 알고리즘 이해	컴퓨터 공학, 미디어, 정보기술의 능력, 창의 그리고 지식 발달
심플 프로그램을 예측하기 위한 논리적 사고	네트워크의 이해	불린 로직의 이해 (AND, OR, NOT)	분석능력, 문제해결능력 디자인, 컴퓨터적논리력
디지털 콘텐츠 제작·활용 기술	검색 기술의 사용	컴퓨터를 구성하는 HW와 SW 이해	온라인 프라이버시 보호에 영향을 미치는 기술 이해
프라이버시를 위한 안전하고 책임 있는 기술 사용법	여러 디바이스의 다양한 SW 활용	2진수의 이해와 사용	
	프라이버시를 위한 안전하고 책임있는 기술 사용법	프라이버시를 위한 안전하고 책임 있는 기술 사용법	

<출처: 한국인터넷진흥원 글로벌 소프트웨어 교육현황 및 교육도구 동향>

Key Stage 1~4단계로 구성되어 있으며, 컴퓨팅(Computing) 교과 과목은 기초 교과 과목으로 포함되어 초등학교(Primary School)부터 중등학교(Secondary school)에 걸쳐 11년 동안 컴퓨팅 과목을 학습 하게 된다.

영국의 컴퓨팅 교과의 교육목표는 다음과 같다.

- 학생들은 컴퓨터 과학의 기초적인 원리와 개념을 이해하고 활용할 수 있다(추상화, 로직, 알고리즘, 데이터 표현).
- 학생들은 컴퓨팅 언어로 문제를 분석하고 문제 해결을 위해 컴퓨터 프로그램을 실제로 작성하는 경험을 할 수 있다.
- 학생들은 문제를 해결하기 위하여 새로운 기술들을 분석하고 정보기 술을 평가하고 응용할 수 있다.
- 학생들은 정보통신기술에 대해 책임감 있고, 능숙하고, 창의적으로 활용할 수 있다.

영국은 컴퓨팅 교육과정의 목표를 크게 3가지 컴퓨터 과학 (Computer science), 정보 처리 기술 (Information technology), 디지털 활용 능력(Digital literacy)으로 잡고 있다.

그런데 영국의 코드아카데미(Code Academy) 책임자 레이첼 스 위든뱅크(Rachel Swidenbank)가 정의한 컴퓨팅 사고(Computational

Think)을 살펴보면, 영국의 컴퓨팅 사고가 단순히 컴퓨터를 활용하거나 프로그래밍 하는 것뿐만 아니라 실제적인 디지털 콘텐츠, 저작물을 생성하는 것까지 연계되어 있음을 알 수 있다.

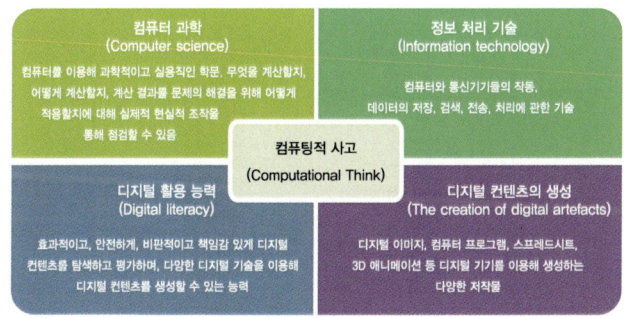

[그림 12] 코드아카데미(Code academy) 컴퓨팅 사고

각 단계별 커리큘럼을 상세히 살펴 보자.

단계	교육 내용
Key Stage1	- 디지털 장치에서 프로그램으로 구현되어 있는 알고리즘과 정확하고 모호하지 않은 명령어를 통해 실행되는 프로그램 이해하기 - 간단한 프로그램을 작성하고 디버깅하기 - 간단한 프로그램이 어떻게 실행될지 예측하는 논리적 추론 사용하기 - 디지털 콘텐츠를 생성, 구성, 저장, 조작, 검색할 수 있는 기술을 활용하기 - 학교 이외에 정보기술을 보편적으로 사용하고 있음을 인식하기 - 기술을 안전하게 사용할 수 있도록 기술 자원을 받을 수 있는 연락처를 확인하기

Key Stage2	- 특정 목적을 해결하기 위한 프로그램을 설계, 작성, 디버깅해보기 - 프로그램에서 변수와 다양한 입 형태를 사용하여 순서적, 선택적, 반복적 기능 활용하기 - 동일한 알고리즘이 어떻게 실행되는지 설명하고 알고리즘과 프로그램의 에러를 확인할 수 있도록 논리적 사고를 활용하기 - 인터넷 등과 같은 컴퓨터 네트워크 이해하기 - 검색기술을 효과적으로 사용하기 - 특정 디지털 기기에서 프로그램을 설계하고 제작하기 위해서 여러 종류의 소프트웨어를 선택, 사용, 결합하기 - 정보기술을 안전하고 책임감 있게 사용, 용인될 수 없는 행동 인지 등
Key Stage3	- 실제 문제나 물리 시스템에서의 상태와 행동을 모델로 컴퓨터적 추상화를 통해 설계, 사용, 평가하기 - 동일 문제에 대해 여러 알고리즘을 비교하여 사용할 수 있도록 주요 알고리즘 이해하기 - 데이터 구조의 적절한 사용, 모듈 프로그램 설계 및 개발을 위해 2개 이상의 프로그래밍 언어를 사용하기 - 프로그램에서 사용되는 Boolean논리와 2진수로 표기 체계 이해하기 - 컴퓨터 시스템을 구성하는 하드웨어와 소프트웨어가 어떻게 통신하는지 이해하기 - 컴퓨터 시스템에서 명령어가 어떻게 저장되고 실행되는지, 그림, 소리와 같은 다양한 형태의 데이터가 어떻게 2진수로 표현되고 조작되는지 이해하기 - 디지털 산출물에 대한 신뢰성, 디자인, 사용성을 개선하기 위해 사용자들에게 생성, 재사용, 개정, 용도 변경하여 제공하기 - 온라인 개인정보를 보호하는 기술적 보호조치의 범위를 이해하기
Key Stage4	- 컴퓨터 과학, 디지털 미디어, 정보기술에 대한 능력, 창의성, 지식 개발시키기 - 개개인의 분석, 문제해결, 설계, 컴퓨터적 사고 능력의 개발 및 적용 - 온라인 개인정보를 보호하는 새로운 방법 등을 포함하여 기술적 보호조치가 어떻게 변화되고 있는지 이해하기

[표 12] 영국 컴퓨팅 교육과정 커리큘럼

눈 여겨 볼만한 것은 '디지털 산출물을 개선하기 위해 생성, 재사용, 개정, 변경하여 제공하기'이다.

실제 SW를 만들고, 변경이 일어나고 그것을 사용자에게 제공하는 관점까지 확대해서 살펴보도록 하고 있음을 알 수 있다. 소프트웨어가 만들어지고 사용자에게 전달되어 실제 사용자와 상호작용을 통해 추가적인 개선들이 이루어지는 일련의 과정들을 경험하는 것이다.

정보 보호에 대한 기술적 보호 조치에 대해 이해하고 어떻게 변화되고 있는지 살펴보는 것도 윤리 및 개인의 정보 보호 분야로 포함되었다.

SW는 크게 보면 데이터와 그것을 처리하는 프로세스로 구성되어 있다. SW를 작성하는 SW 프로그래머는 필연적으로 데이터에 접근하게 되고, 그것을 다루는 일을 한다. 데이터 중에는 정말 민감한 개인정보나 의료기록 등이 있을 수 있다. 개인정보 보호에 대한 법이 강화되기 전에 나도 프로그램을 개발하면서 고객들의 주민번호, 연락처들을 조회해 보았다. 물론 주민번호 등은 지금 암호화되어 저장되고 수집 자체도 개인정보보호법으로 엄격히 제한을 둬서 관리되고 있지만, 아직도 많은 정보가 SW 프로그래머에게 공개되어 있다. 그렇기 때문에 소프트웨어를 만드는 제공자(Provider) 관점에서 정보에 대한 보안 의식과 윤리 의식 교육은 무엇보다도 중요하다.

2006년 말쯤으로 기억한다. 나는 G마켓의 정산 시스템을 자동화하는 프로젝트의 프로젝트 매니저(PM)였다. 지금은 훨씬 많겠지만, 당시에 하루 판매자 정산으로 나가는 금액이 500억이었다. 500억! "이거 계좌 정보를 모두 내 개인 계좌로 업데이트하고, 나는 바로 인천공항에서 비행기 타고 해외로 가서 인출하면 잡힐까?"라며 농담하던 시절이 있었다. 물론 그것은 가능하지도, 가능할 수도 없다. 회사 내부의 엄격한 내부 감사 프로세스에 의해 관리되고 있기 때문이다. 정산 시스템의 책임을 맡았던 나는 들어오고 나가는 현금, 카드 등 거래금액의 전산적 합계를 금액 오류 없이 맞추어야 했다. 몇백만 개의 데이터 중에서 단돈 일, 이천 원이 틀렸다고 하루 종일 데이터를 맞추고 있다 보면, 차라리 내 돈이라도 넣고 싶을 때가 있다. 이쯤 되면 몇백억의 큰돈도 그냥 숫자일 뿐이며, 합계가 맞는 것에 감사할 따름이다.

소프트웨어를 실제로 만들고 데이터를 다루기 위해서, 정보에 대한 보안과 윤리 의식은 반드시 가르치고 인식시켜야 한다. 미국 회사들이 원하는 인재의 역량 가운데 1위는 협업 능력(2위 38%)도 아니고, 창의성(10위 15%)도 아니고 바로 윤리의식(49%)이라고 한다.

영국이 3D프린팅과 연계된 SW 교육을 한다는 것이 기사화되었다.[14]

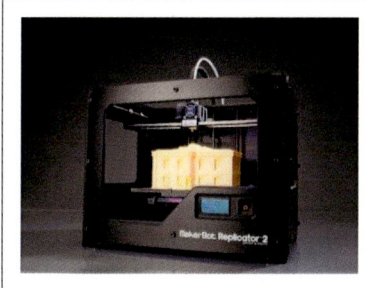

▶ 3D프린팅을 이용해 컴퓨터 모니터만으로 결과를 확인하는 것이 아닌 실체가 있는 물건으로 확인해 볼 수 있도록 하고 있다.

우리도 3D 프린팅의 발전과 적용을 눈여겨 보아야 한다. 컴퓨터 프로그래밍을 해서 실제 실물과 연계시킨다는 것은 또 다른 창의적 결과물들을 낳을 수 있기에 중요하다.

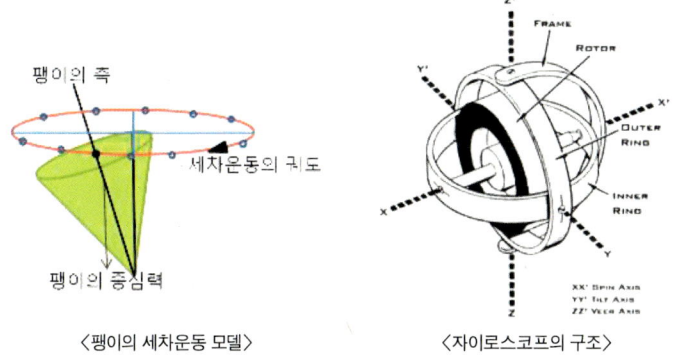

〈팽이의 세차운동 모델〉   〈자이로스코프의 구조〉

어느 날 아이가 팽이 프로그램을 만들었다고 가져온다. 반지름을 입력 받아 팽이의 모양을 3D으로 시뮬레이션 하고, 그것을 3D

프린터로 출력해 물건을 팔아보겠다고 한다. 실제로 실물 팽이를 손에 든 아이는 더 잘 도는 팽이를 위해서 반지름과 높이의 상관관계에 대해 고민을 시작한다. 나아가 팽이의 운동에너지에 관심을 갖고 세차 운동5) 과 자이로스코프6) 의 원리까지 몰두할지 누가 알겠는가? 호기심은 모든 창조의 어머니이다.

그 외의 나라들도 살펴보자. 인도는 고교 때 C++나 자바 등 코딩을 가르쳐 이미 소프트웨어 강국으로 발돋움했다. 에스토니아 (인구 130만 명)는 2012년 20개 초등학교를 시작으로, 초등 1년부터 19세까지 코딩 교육을 의무화했다. 중국은 지난 2001년 12월부터 칭화대, 베이징대, 하얼빈공대 등 전국 35개 대학에 '시범성 SW학원(National Pilot Software of School)'을 설치, 운영하고 있다.

개인적으로 중국의 SW 교육 부분에 큰 관심이 간다. 중국이 SW 산업분야의 강화와 인재 양성에 나선다면 그것은 우리에게 양적, 질적인 면에서 많은 위협이 될 것으로 보이기 때문이다. 우리가 10만 SW 인력을 양성할 때, 우리 뒤에 100만, 1000만의 중국 SW 인력이 대기하고 있다.

---

5) 세차 운동: 팽이의 회전축이 연직축 둘레를 회전하는 것과 같이 자전운동을 하고 있는 물체의 회전축이 어떤 부동축의 둘레를 회전하는 현상을 말한다

6) 자이로스코프: 회전체의 역학적인 운동을 관찰하는 실험기구로 회전의(回轉儀)라고도 함. 로켓의 관성유도장치로 사용됨.

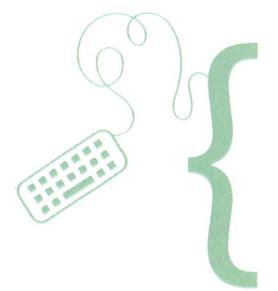

국내
커리큘럼과
해결 과제

자, 이제 국내의 준비사항을 알아볼 차례다. 국내는 커리큘럼이 만들어지고 있는 단계이다. 2018년에 정식으로 도입되는 교육 커리큘럼은 2015년 9월에 발표될 예정이다. 본격적으로 도입되기 전 과도기인 2015년에서 2018년 시행 전까지는 2015년 2월 말에 발표된 '소프트웨어 교육 운영지침'[15]에 따라 교육을 진행하게 된다.

여기에서는 일단 2015년 2월에 발표된 '소프트웨어 교육 운영지침'을 살펴보며, 앞으로 SW 교육에 대한 방향을 살펴보자.

먼저 인재상을 살펴보자. 우리 아이들이 어떤 인재로 자라기 바라는지, 교육의 거시적 관점을 살펴볼 수 있다.

컴퓨팅 사고력을 가진 창의·융합 인재

초등과정 (체험, 활동)	중학교 (개념 이해)	고등학교 (개발, 융합)
건전한 정보윤리 의식을 바탕으로 알고리즘과 프로그래밍을 체험하여 실생활의 다양한 문제를 이해할 수 있다.	간단한 알고리즘을 설계하고 프로그램을 개발하여 창의적으로 문제를 해결할 수 있다.	효율적인 알고리즘을 설계하고 다양한 분야와 융합하여 문제를 해결할 수 있다.

컴퓨터 사고력

[그림 13] 추구하는 인재상

컴퓨팅 사고력을 가진 창의·융합 인재 양성을 목표로 하고 있다. 컴퓨팅 사고력에 대한 정의와 구성요소를 아래와 같이 소개하고 있다.

○ **컴퓨팅 사고력**
   컴퓨팅의 기본적인 개념과 원리를 기반으로 문제를 효율적으로 해결할 수 있는 사고 능력

○ **컴퓨팅 사고력의 구성 요소**
   - 문제를 컴퓨터로 해결할 수 있는 형태로 구조화하기
   - 자료를 분석하고 논리적으로 조직하기
   - 모델링이나 시뮬레이션 등의 추상화를 통해 자료를 표현하기
   - 알고리즘적 사고를 통하여 해결방법을 자동화하기
   - 효율적인 해결방법을 수행하고 검증하기
   - 문제 해결 과정을 다른 문제에 적용하고 일반화하기

이 책의 2장의 컴퓨팅 사고력의 정의와 구성요소를 설명한 부분에서도 소개한 내용이다. 교육운영 지침의 기본 방향을 설명하면서도 '미래사회에서 살아가는데 필요한 컴퓨팅 사고력을 기반으로 문제 해결을 하는 역량을 기르는 것으로 한다'라고 설명하고 있다. 그런데, 위의 인재상과 컴퓨팅 사고력의 정의를 다시 음미하며 생각해 보자. 너무도 '문제 해결 능력'에만 초점이 맞추어져 있다.

컴퓨팅 사고력을 처음 소개했던 자넷 윙의 정의를 다시 읽어보자.

"Computational Thinking involves solving problems, designing systems, and understanding human behavior,
By drawing on the concepts fundamental to computer science."
컴퓨팅 사고력이란 컴퓨터 과학의 기본 개념을 바탕으로 문제를 해결하고,
시스템을 설계하고, 인간 행동의 이해하는 것을 포함한다.

문제를 해결하는 것뿐만 아니라, 시스템을 설계하고 인간 행동을 이해하는 부분까지 확대하여 정의하고 있다. 물론 시스템을 설계하고 인간 행동을 이해하는 것도 하나의 문제로 인식해 해결하자 라고 넓게 해석했다라고 우긴다면 할 말은 없다.

컴퓨팅 사고력이 단순히 컴퓨팅 과학에만 한정된 것이 아니라 궁극적으로는 인간의 행동을 이해하고, 인간에게 이로운 것이 무엇인지 생각하는 것을 기본 방향으로 삼아야 한다.

단순히 눈앞에 문제를 해결하면 그만일까? 문제 해결에는 한가지 방법만 존재하는 것이 아니다. 다양한 해결 방법 가운데 선택의 기로에 섰을 때, 우리가 무엇을 선택해야 할지 우리에게 가치 있는 것이 무엇인지 우리가 왜 컴퓨팅 사고를 공부해야 하는지 그 근본적 이유를 알아야 올바른 선택을 할 수 있다. 그런 면에서 교육부의 인재상은 컴퓨팅 사고에 대한 좁은 시야를 그대로 보여주고 있다고 나는 생각한다. 컴퓨팅 사고력을 높여서 창의적인 스파이웨어나 컴퓨터 슈퍼바이러스를 만든다고 생각하면 아찔하다.

각 학교급별로 소프트웨어 교육 운영지침을 좀 더 자세히 살펴보자.

학교급 / 영역	초등학교	중학교	고등학교*
생활과 소프트웨어	소프트웨어가 가져온 생활의 변화를 알고, 정보 사회에 필요한 건전한 의식과 태도를 가진다.	소프트웨어 활용의 중요성을 알고, 정보 윤리의 개념을 이해하여 올바른 정보 생활을 실천하고, 정보를 교류할 수 있다.	컴퓨팅 기술과 융합된 다양한 분야를 이해하고, 정보 윤리를 실천하며, 정보 기기를 올바르게 조작할 수 있다.
알고리즘과 프로그래밍	알고리즘과 프로그래밍을 체험하여 실생활의 다양한 문제를 컴퓨팅 사고로 이해할 수 있다.	간단한 알고리즘을 설계하고 프로그램을 개발하여 문제를 해결할 수 있다.	알고리즘을 효율적으로 설계하고, 프로그램을 개발하여 창의적으로 문제를 해결할 수 있다.
컴퓨팅과 문제해결		컴퓨팅 사고력에 기반하여 실생활 문제를 해결할 수 있다.	컴퓨팅 사고를 기반으로 다양한 분야와 융합하여 문제를 해결할 수 있다.

* 본 지침은 초·중학교를 대상으로 하고 있으며, 고등학교와 관련된 내용은 학교급간 내용 연계를 이해하기 위한 자료로 제시함

[표 13] 학교급별 교육 목표

교육 영역을 '생활과 소프트웨어', '알고리즘과 프로그래밍', '컴퓨팅과 문제 해결' 크게 3가지로 나누었다. 좀 더 상세한 내용을 살펴보면 아래와 같다.

영역	초등학교	중학교	고등학교
생활과 소프트웨어	나와 소프트웨어 - 소프트웨어와 생활 변화	소프트웨어의 활용과 중요성 - 소프트웨어의 종류와 특징 - 소프트웨어의 활용과 중요성	컴퓨팅과 정보 생활 - 컴퓨팅 기술과 융합 - 소프트웨어의 미래
	정보 윤리 - 사이버 공간에서의 예절 - 인터넷 중독과 예방 - 개인 정보 보호 - 저작권 보호	정보 윤리 - 개인 정보 보호와 정보보안 - 지적 재산의 보호와 정보 공유	정보 윤리 - 정보 윤리와 지적 재산 - 정보 보안과 대응 기술
		정보기기의 구성과 정보 교류 - 컴퓨터의 구성 - 네트워크와 정보 교류*	정보기기의 동작과 정보처리 - 정보 기기의 동작 원리 - 정보 처리의 과정
알고리즘과 프로그래밍	문제 해결 과정의 체험 - 문제의 이해와 구조화 - 문제 해결 방법 탐색	정보의 유형과 구조화 - 정보의 유형 - 정보의 구조화*	정보의 표현과 관리 - 정보의 표현 - 정보의 관리
		컴퓨팅 사고의 이해 - 문제 해결 절차의 이해 - 문제 분석과 구조화 - 문제 해결 전략의 탐색	컴퓨팅 사고의 실제 - 문제의 구조화 - 문제의 추상화 - 모델링과 시뮬레이션
	알고리즘 체험 - 알고리즘의 개념 - 알고리즘의 체험	알고리즘의 이해 - 알고리즘의 이해 - 알고리즘의 설계	알고리즘의 실제 - 복합적인 구조의 알고리즘 설계 - 알고리즘의 분석과 평가
	프로그래밍 체험 - 프로그래밍의 이해 - 프로그래밍의 체험	프로그래밍의 이해 - 프로그래밍 언어의 이해 - 프로그래밍의 기초	프로그래밍의 이해 - 프로그래밍 언어의 분류 문제 해결과 프로그래밍 - 프로그래밍의 실제
컴퓨팅과 문제 해결		컴퓨팅 사고 기반의 문제 해결 - 실생활 문제 해결 - 다양한 영역의 문제 해결	컴퓨팅 사고 기반의 융합 활동 - 프로그래밍과 융합 - 팀 프로젝트의 제작과 평가

[표 14]한국 소프트웨어 교육 운영지침

'생활과 소프트웨어' 영역에서 생활 속에 컴퓨팅, 정보 윤리와 컴퓨터 기기들을 배우고 있다.

'알고리즘과 프로그래밍' 영역에서 컴퓨팅 사고력을 이해하고, 컴퓨팅 사고력을 문제 해결에 활용하고, 실제 알고리즘과 프로그래밍까지 해보도록 다루고 있다.

'컴퓨팅과 문제 해결'에서는 실생활에 다양한 영역에서 컴퓨팅 사고를 확장해 보고, 컴퓨팅 사고를 기반으로 여러 가지 융합 활동과 협업 활동을 진행하고 있다.

정보 윤리, 알고리즘과 프로그래밍, 컴퓨팅 사고 등 필요한 것들이 들어가 있는 것을 확인해 볼 수 있다. 그런데 위의 표와 함께 상세한 내용까지 모두 훑어본 나의 솔직한 느낌은 '아쉽다'이다.

첫째, 협업(Collaboration) 중요성을 인식시키기에 부족하다.

소프트웨어는 혼자만의 힘으로 만들어지지 않는다. 물론 알고리즘이나 로직을 공부하기 위해 혼자 머리를 싸매고 몰두하는 시간도 필요하다. 하지만, 진짜 소프트웨어는 많은 사람들이 머리를 맞대고 고민하고 조율하며 만들어지는 것이다. 우리 아이들이 소프트웨어 하나를 더 만드는 것보다 더 중요한 것은, 자신의 의견이 다른 친구의 의견과 만나서 더 새롭고 멋지게 변해가는 모습을 경험하고 다른 이들과 함께 일하기 위해 규칙을 준수하고, 의견을 존중하는 것이 얼마나 중요한지 그 자세를 배우는 것이라 생각한다.

고등학교 과정에 '팀 프로젝트의 제작과 평가'라는 부분이 있지만, 초등학교 과정에서도 충분히 협업의 중요성을 인식시킬 수 있다. 모둠별로 공동의 프로젝트를 하면서 각자 역할을 나누어 진행할 수 있다. 모둠 구성원 가운데 누군가 실수로 모두가 애써 만든 소스를 몽땅 삭제했을 때를 생각해 보라. 소스를 안전하게 관리해야 한다는 인식이 생기면서 버전관리 프로그램[7]을 써볼 수도 있을 것이다. 자신의 코딩 분량을 완성하지 못하는 친구를 위해 둘이 모니터에 앉아 한 줄씩 차례로 코딩하면서 페어프로그래밍(Pair Programming)[8]으로 문제를 해결해 볼 수도 있을 것이다.

둘째, 정보에 대한 비판적 사고, 공동체적 인식을 고취시키기에 부족하다.

인터넷에서 본 정보를 그대로 믿어야 하는가? 인터넷 괴담 같은 실제 사례를 추적해가며 비판적 사고를 교육할 수도 있다. 특정 기사를 제시하고 이 기사를 믿을 수 있는 이유와 근거, 믿지 못하는 이유와 근거를 찾아볼 수도 있다. 그리고 잘못된 정보와 댓글이

---

7) 버전관리 프로그램: 소프트웨어 개발 시 소스가 변경되는 시점마다 소스의 복사본을 만들고 특정 시점으로 복원할 수 있도록 하는 프로그램.

8) 페어 프로그래밍(Pair Programming): 모니터를 한 개에 키보드 한 개를 두고 두 사람이 한 줄씩 차례로 코딩을 하는 프로그램 작성 방법. 잘하는 사람과 미숙한 사람이 함께 코딩을 하며 자연스럽게 프로그래밍 실력을 높일 수 있다.

가져오는 혼란과 피해를 아이들과 이야기할 수 있다.

정보에 대한 비판적 사고 없이 무조건적 수용을 했을 경우, 특히나 많은 사람들이 무분별하게 그런 정보를 수용했을 경우 제2의 파시즘이 될 가능성이 있다. 인류의 불행이 반복되지 않기 위해서 우리가 필요한 것은 무엇인지 생각하고 고민해 보아야 한다.

디지털 네이티브는 태어나면서 컴퓨터와 함께 한 세대이다. 그들에게 디지털 세상은 당연히 있고 당연히 되는, 우리가 숨쉬는 공기와 같은 것이다. 그들에게 이 당연한 세상이 유익하게 계속되기 위해 필요한 것이 무엇인지 우리의 책임과 의무를 생각하게 해야 한다. 소프트웨어를 만들기 위해서는 알고리즘을 잘 짜고 효율적으로 코딩하며 기술적인 문제를 잘 해결하는 것도 중요하다. 그런데 그보다 더 중요한 것은 소프트웨어라는 그릇에 무엇을 담을 것인가, 어떠한 생각들을 담아 나가는 것이 공동체의 가치를 높이는 것인가를 아는 것이다.

셋째, 소프트웨어 제공자(Provider)로서의 자세를 교육하기에 부족하다.

소프트웨어의 제공자로서 가져야 할 자세로 윤리 의식을 꼽고 싶다. 최근 들어 개인정보 유출의 문제들이 빈번히 일어났다. 사실 소프트웨어를 제공하는 입장에 있는 사람들의 윤리 의식이 얼마나 중요한지 보여주는 부분이다. 또한 내가 만드는 소프트웨어가 무엇을 위한 소프트웨어인지 인식하는 것도 중요하다. 단지 회사에 속한 월급을 받는 사람으로서 회사에서 시키니까 만드는 것이 아니라, 자신이 하고 있는 만들고 있는 소프트웨어가 누구를 위해 어떻게 사용되는지 분명한 인식이 필요하다는 것이다. 한나 아렌트가 '악의 평범성'[9] 에서도 지적했듯이 생각하지 않고 무언가에 맹목적 복종을 했을 때 가져올 재앙을 우리는 다시 생각해야 한다.

컴퓨팅 사고의 절차를 순서 별로 암기하고 배우기 보다 '네가 문제 해결을 이렇게 이렇게 했었지. 그게 바로 이런 이런 과정이었어.' 처럼 이해와 경험이 하나가 되는 교육이 되었으면 한다. 그런데 '컴퓨팅 사고의 이해'는 중학교 과정에 있고, '컴퓨팅 사고의 실제'는 고등학교 과정에 있다. 알기는 중학교 때 하고 실제 하는 것은 고등학교 때 가서 하라는 말씀이다.

'소프트웨어 교육 운영지침'의 성격과 기본 방향을 설명하는 서론 부분에서 분명히 '지식 위주의 교육보다는 수행 위주의 교육을 통하여 디지털 사회의 필수적 요소인 컴퓨팅 사고력의 의미와 중요성을 학습자 스스로 인식하고 그 가치를 확인할 수 있도록 교육 방법을 설계한다'라고 말하면서, 실제로 각 커리큘럼에서 그러한

---

9) 악의 평범성: 한나 아렌트의 《예루살렘의 아이히만》중에서 유태인 수백만을 학살한 독일의 하이히만이 사실 아주 평범한 사람이었다는 것에서 유래. 자신의 행동이 궁극적으로 무슨 의미인지 생각하지 않고 행동하는 순간 모두가 악인이 될 수 있다는 경고.

능동성을 찾아보기에는 너무도 구체적이지 않다는 생각이다.

피겨 스케이팅을 얼음 위 빙판에서 빙질을 느껴가며, 수영을 수영장에서 직접 물에 흐름을 느껴가며 배워야 하는데…… 제발 내 아이가 칠판 앞에서만 스케이팅의 원리와 수영의 영법을 배우지 않았으면 한다. 교과를 실제로 진행하시는 선생님들께서 좋은 학습 계획으로 능동성과 재미를 부여한 좋은 수업을 계획해 주셨으면 하는 바람이다.

물론 우리는 이제 막 시작하는 단계이고, 본격적인 교육 커리큘럼을 작성하기 위해서는 다양한 논의들이 이루어져야 한다. 우리가 소프트웨어를 교육한다고 외국의 우수한 사례와 커리큘럼을 참고하는 것도 좋다. 그런데 가져올 때는 겉만 가져오지 말기 바란다. 단순히 SW를 교육한다고 도구나 언어만 가져다 쓰는 오류를 범하지는 않았으면 좋겠다. 그들이 왜 이런 과정을 넣었는지 그들의 철학까지 고려했으면 한다. 덧붙여 우리만의 경쟁력을 갖추기 위한 창의적 방식의 수업들을 고려해야 한다. 아이들의 창의력만 키운다고 하지 말고 창의력 있는 커리큘럼을 만들어 주시길 바란다. 2018년에 정식으로 도입되는 교육 커리큘럼은 2015년 9월에 발표될 예정이다. 교육 커리큘럼이 어떻게 바뀌게 될지 관심을 갖고 지켜보겠다.

코딩 교육의 주요 사이트

미국이나 영국에서 이러한 SW 코딩 교육의 열풍을 불고 그것이 현실화 될 수 있는 데는 민간, 정부에서 운영하는 다양한 SW 코딩 교육 사이트들이 존재하는 덕분이다. 여기에 대표적인 사이트를 소개한다.

Code.org

2012년 8월에 설립된 미국의 비영리 단체로 빌 게이츠, 마크 주커버그, 잭 도시 등과 같은 소프트웨어 산업의 유명 인사와 버락 오바마 미국 대통령까지 출연하여 소프트웨어 교육을 장려하는 동영상이 공개되어 급속도로 유명해졌다.

어린 학생과 프로그래밍 입문자를 위해 만들어진 튜토리얼 교육(Hour of Code)을 통해 블록형 프로그래밍 언어 스크래치(Scratch)로 간단하게 프로그래밍할 수 있다. 튜토리얼 교육이 끝나면 수료증을 만들 수 있는 페이지를 제공하며, Beyond Hour를 통해 다양한 프로그래밍 언어에 대한 교육 자료를 확인할 수 있다.

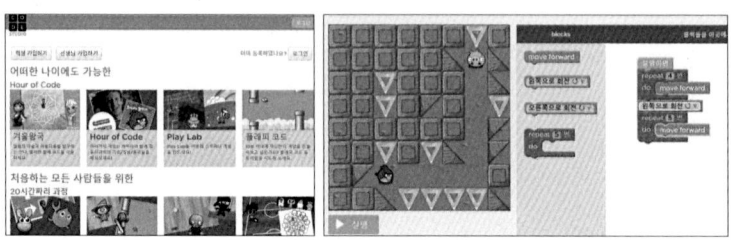

Code.org 사이트에 접속하면 바로 Hour of Code 이벤트를 진행할 수 있도록 하고 있다. 한글로도 번역되어 아이들이 쉽게 프로그램을 작성할 수 있다. 아직 한글을 못 읽는 나의 6살 아이도 겨울왕국 엘사로 프로그램을 작성하며 재미있어 했다.

선생님에게 제공되는 교육 자료도 있어, 교실에서 학생에게 가르치는 방법이나 초·중·고등학교의 소프트웨어 교육 자료들을 제공하고 있다. 직접 학생들을 추가해 진도관리까지 가능하다. 미 전역에서 오프라인에서 실행하고 있는 소프트웨어 캠프 활동 정보도 제공하고 있다. 영어 울렁증에 시달리는 우리들에게 이런 서비스는 반갑기 그지 없다.

코드 아카데미(Code Academy)

영국의 코드 아카데미(Code academy)는 온라인 인터렉티브 플랫폼으로서 프로그래밍 입문자를 대상으로 Python, PHP, jQuery, javascript, Ruby, HTML, CSS과 같은 일반 프로그래밍 언어 대한 교육 클래스가 준비되어 있다.

홈페이지에서 직접 코드를 작성하여 결과를 바로 확인 할 수 있는 개발 환경을 제공하고 있어 프로그램을 설치하지 않아도 실습해 볼 수 있으며, 각 단계마다 자세한 설명과 힌트를 제공해 일반 프로그래밍 언어를 쉽게 배울 수 있는 것이 장점이다.

 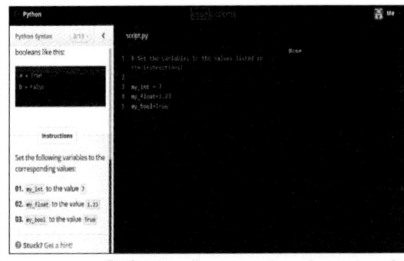

<출처: http://wwwcodecademy.com/>

영어로 되어있고, 실제 프로그래밍 언어를 단계단계 배워 나갈
수 있도록 제공한다. 한국어 서비스도 있다.

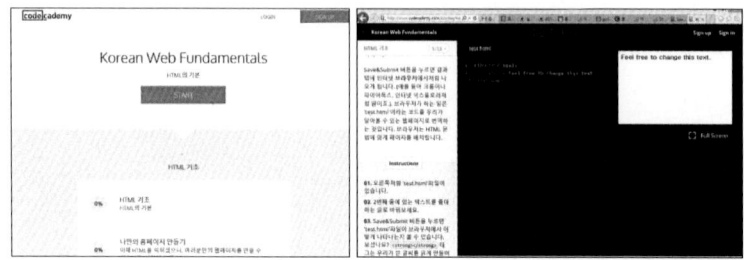

<출처: http://www.codecademy.com/en/tracks/korean-web>

코드클럽(Codeclub)

2012년에 설립된 영국의 비영리 단체로, 9~11세 아이들을 대상으로
코드 교육을 실시한다. 코드클럽은 온라인상에서 직접 프로그래밍을
하는 것이 아니고 오프라인상에서 이루어지고 있으며, 소프트웨어 교
육을 할 수 있는 사람이 지원하여, 방과 후 학교를 찾아가서 학생에게
직접 프로그래밍 교육을 실시한다. 영국 전체에 1,970개의 코드클럽이
만들어져 있으며, 27,000명 이상의 아이들이 교육을 받았다.

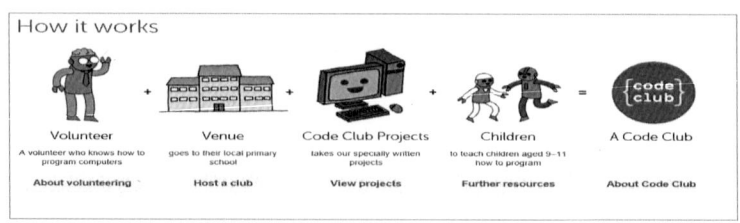

<출처: https://www.codeclub.org.uk/>

한국의 SW 교육 프로그램들과 사이트들도 모아 봤다.

소프트웨어야 놀자

네이버와 교육부가 함께 만든 소프트웨어 교육 프로젝트이다. 현재 방과 후 학교, 진로체험 교실, SW 인식 개선 활동 등을 펼치며 학생뿐 아니라 학부모, 선생님들까지 쉽고, 재미있게 SW 교육을 접할 수 있도록 안내하고 있다.

<출처: 네이버 http://campaign.naver.com/software/>

대학생 멘토와 함께 하는 소프트웨어 교실의 경우, 소프트웨어에 관심 있는 초등 5, 6학년과 중학교 1학년을 대상으로 성균관대, 한국교원대, 춘천교대 등에서 신청을 받아 교육을 받아볼 수 있다. 또한 동영상 콘텐츠를 통해 SW 제작에 필요한 개념을 쉽게 공부할 수 있다. 온라인 교육과정도 예정되어 있어 학생뿐 아니라 교사들을 위한 콘텐츠도 제공할 예정이다.

주니어 소프트웨어 아카데미

<출처: http://www.juniorsw.org/>

삼성전자에서 사회공헌 사업의 일환으로 마련한 것으로, 초·중·고 학생들에게 소프트웨어를 통해 창의·융합 교육을 제공하기 위한 프로그램이다. 주니어 소프트웨어 아카데미는 2013년 8월 여름 캠프를 시작으로, 2013년 2학기 49개교에서 시범교육을 운영, 2014년 1학기부터 본격적으로 시행하고 있다. 2017년까지 4만 명을 대상으로 교육을 확대 실시할 계획이다. 학생들이 참여하는 프로그램으로 아래 3가지가 있다.

삼성전자 사회봉사단에서 주최 및 운영을 하고 교육부 및 각 시·도 교육청과 연계해 운영하고 있다. 방과 후 교실의 경우 희망하는 학교가 5월, 11월에 지역 교육청을 통해 신청하여 선정된 학교에 한해 교육을 받을 수 있다. 아쉽게도 온라인의 프로그램들은 없고 모두 오프라인에서 진행되며, 학교 단위로 교육청을 통해서만 참여할 수 있다.

엔트리(ENTRY)

국내에서 개발된 SW 교육을 위한 통합 프로그래밍 학습 플랫폼이다. SW 언어를 학습하고, 프로젝트로 나만의 SW를 만들고, 공유할 수 있는 SW 온라인 교육 플랫폼이다.

<출처: http://play-entry.com/>

엔트리에서는 '엔트리봇'이라는 보드게임도 출시되어, 굳이 컴퓨터 앞에 앉아있지 않아도 프로그래밍의 순차반복, 함수의 개념을 보드게임 놀이로서 재미있게 배울 수도 있다.

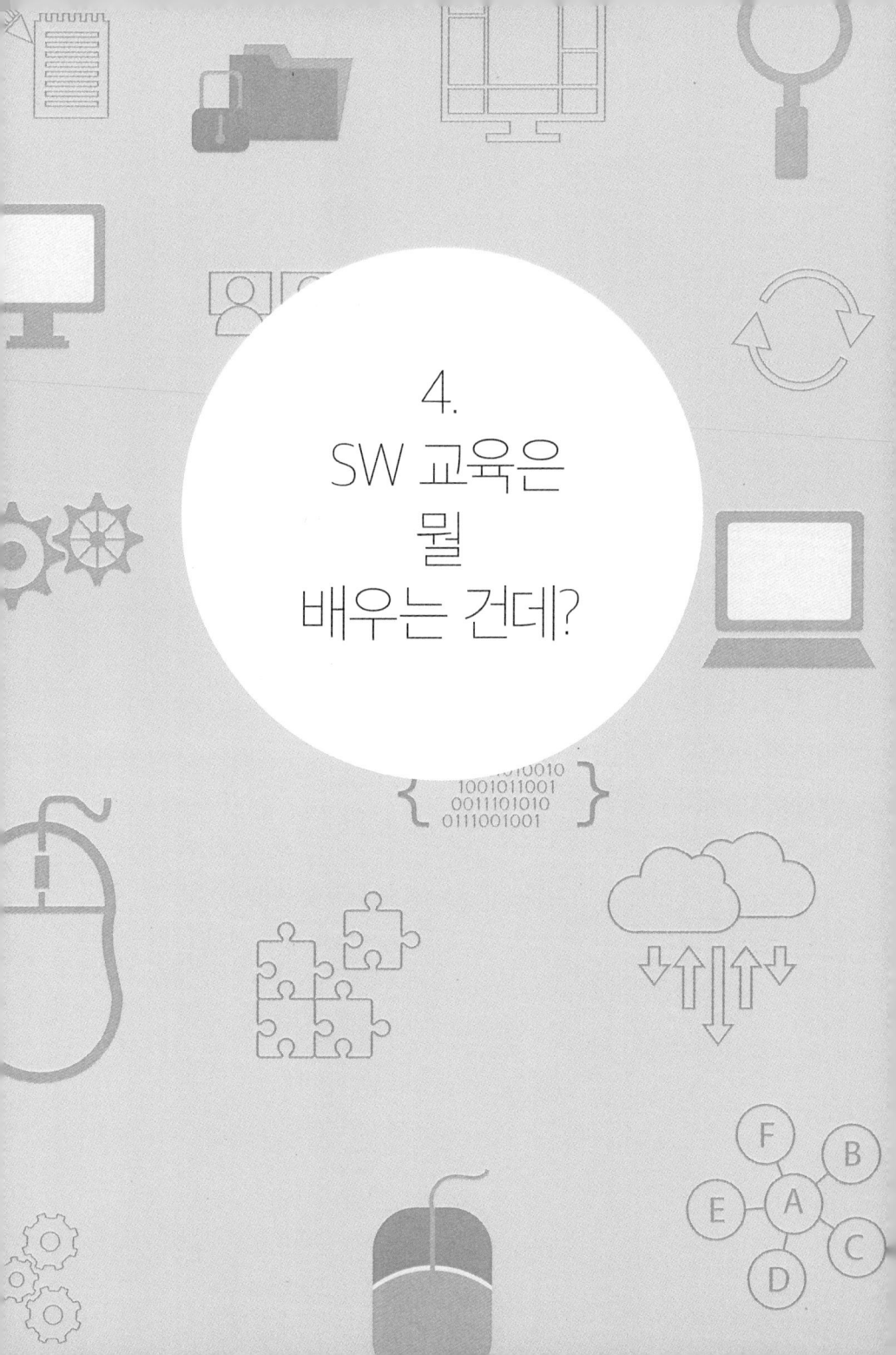

4.
SW 교육은
뭘
배우는 건데?

컴퓨팅 사고력 (Computational Thinking)을 키우는 SW 교육 방법

SW를 교육한다고 컴퓨터를 마주하고 지루한 소스코드들을 분석하고 있다고 생각하는가? 컴퓨팅 사고를 키울 수 있는 SW 교육의 다양한 방법을 알아보자. 그런데 너무도 다양하고 많은 도구들이 있다. 처음 들어보는 도구 이름들에 머리가 아플 수도 있다. 그저 백화점에 왔다 생각하고 '요즘 이런 것도 있구나' 하고 가벼운 마음으로 읽어가기 바라며, 나중에 관심이 가는 것이 있으면 도구 그림 아래 적어둔 URL로 찾아가 자세한 정보들을 얻기 바란다.

첫째, 언플러그드 활동(Unpluged)

언플러그드 활동은 말 그대로 플러그를 빼놓고 컴퓨터 없이 놀이처럼, 컴퓨터 과학의 기본적 개념과 컴퓨팅 사고를 학습하는 활동이다. 뉴질랜드의 팀 벨(Tim Bell) 교수가 제안해 전세계적인 연구와 실제 활동들이 진행되고 있다. 예를 들면, 손전등을 켜고 끄면서 이진수로 정보를 표현하거나, 모눈종이를 이용해 컴퓨터가 픽셀 단위로 이미지를 그려내는 과정들을 게임으로 진행하는 것이다. 국내에는 카이스트와 엔트리가 만든 언플러그드 교구로 엔트리봇이라는 프로그래밍 교육 보드게임이 있다.

언플러그드 활동이 어떤 것인지 알아보기 위해 Code.org에 있는 활동 중 하나를 소개한다. 모눈종이 프로그래밍이다.

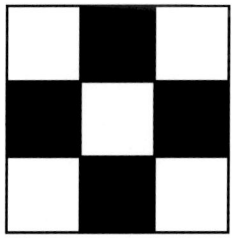

위와 같은 모눈종이에 그려진 그림을 이 그림을 보지 않은 다른 친구가 그대로 그릴 수 있도록 명령어의 순서를 나열하는 것이다.

명령어는 아래와 같다.

➡️ 앞으로 한 칸 가기
⬅️ 뒤로 한 칸 가기
⬆️ 위로 한 칸 가기
⬇️ 아래로 한 칸 가기

⟳ 다음 색깔로 바꾸기

↯ 색칠하기

자, 먼저 간단히 알고리즘을 짜보자. 알고리즘(Algorithm)은 쉽게 말해 작업을 완료하기 위한 순서이다.

그림	알고리즘
시작 ⬛⬜⬛/⬛⬜⬛/⬜⬛⬜	앞으로 한 칸, 색칠하기, 앞으로 한 칸, 아래로 한 칸, 뒤로 한 칸, 뒤로 한 칸, 색칠하기, 앞으로 한 칸, 앞으로 한 칸 색칠하기, 앞으로 한 칸, 뒤로 한 칸, 뒤로 한 칸, 앞으로 한 칸, 색칠하기, 앞으로 한 칸

이렇게 알고리즘을 짰다면, 이제 남은 것은 명령어로 바꾸어 코딩을 하는 것이다.

알고리즘	코딩
앞으로 한 칸, 색칠하기, 앞으로 한 칸, 아래로 한 칸, 뒤로 한 칸, 뒤로 한 칸, 색칠하기, 앞으로 한 칸, 앞으로 한 칸 색칠하기, 앞으로 한 칸, 뒤로 한 칸, 뒤로 한 칸, 앞으로 한 칸, 색칠하기, 앞으로 한 칸	→ ↯ → ↓ ← ← ↯ → → ↯↓ ← ← → ↯ →

자, 이렇게 코딩한 것을 모눈종이 그림을 보지 않은 친구에게 전달해 보자. 친구가 이것을 보고 빈 모눈종이에 그림을 그리도록 하자. 중간에 틀린다면 어느 부분이 틀렸는지 다시 살펴보고 올바로 그리도록 한다. 이것이 디버깅(Debugging) 작업이다. 실제로 픽셀 단위로 그림을 그릴 때 컴퓨터가 수행하는 작업이 바로 이와 같은 원리로 진행된다. 컴퓨터 앞에 앉지 않고도 프로그래밍의 원리를 배울 수 있다.

둘째, 교육용 프로그래밍 언어 활동(Educational Programming Language)

Java나 Python과 같은 전문 프로그래밍 언어가 아닌, 아이들이 이해할 수 있는 쉬운 교육적 용도로 만들어진 프로그래밍 언어(EPL)를 이용해 프로그래밍의 원리와 개념을 가르치는 것이다. 국내에는 엔트리(Entry), SiCi, Playbot 해외에서는 두리틀, 스크래치, 앱인벤터, 로고(수학에서 많이 쓰임), Karel(중·고등학생용), 엘리스(3D), Rurple(파이썬 프로그래밍)이 개발되어 있다. EPL관련해서는 다음 이야기 주제인 '교육용 프로그래밍 언어 EPL'에서 좀 더 자세히 다뤄보겠다.

셋째, 피지컬 컴퓨팅 활동(Pysical Computing Activity)

소프트웨어를 이용해 하드웨어를 움직이게 하는 활동이다. 센서를 통해 사용자의 입력을 받아 프로그램을 작동하고, 미니 컴퓨터와 같은 피지컬 보드나 로봇을 움직이게 하는 활동이다. '아두이노'를 주로 사용하며, '라즈베리 파이', MIT에서 개발한 '레고 마인드스톰', 초등학생의 '메이키메이키' 등도 있다. [16]

▶ **아두이노**(Arduino)

이탈리아어로 '친구'라는 뜻이다. '아두이노 보드'라는 센서가 장착된 하드웨어이다. 작은 기판 위에 몇 개의 전자 부품들이 연결되어 있어 보잘것없어 보일 수 있지만, 알고 보면 여러 가지 재미난 일을 할 수 있는 초소형 미니 컴퓨터이다.

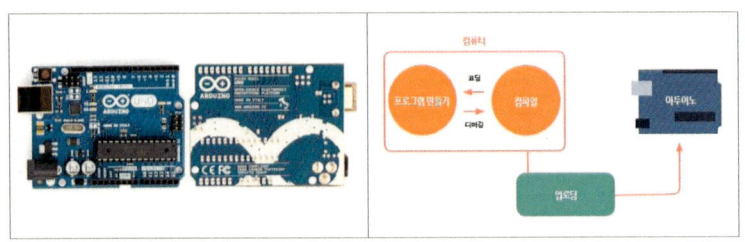

<출처: 네이버 소프트웨어야 놀자 아두이노 교재>

이것을 이용해 작은 LED램프를 켜고 끄는 기본적인 일부터 시작하여 모터로 돌아가는 바람개비, 피아노처럼 연주할 수 있는 악기, 내가 프로그래밍한 대로 움직이는 자동차까지 만들어 볼 수 있다.

1980년대 초등학생 때 미니 트렌지스터 라디오를 조립하고 납땜 질하던 기억이 있다. 그것처럼 실제로 미니 컴퓨터를 조작하고 프로그래밍한 대로 움직이도록 하는 것이다. 요즘은 S4A(스크래치 for 아두이노)라고 스크래치의 간단한 프로그래밍으로도 아두이노와 연동이 가능하니 쉽게 프로그래밍 해 확인해 볼 수 있다.

▶ 라즈베리 파이(Raspberry Pi)

라즈베리 파이(Raspberry Pi)는 영국의 라즈베리 파이 재단이 학교에서 기초 컴퓨터 과학 교육을 증진시키기 위해 만든 싱글 보드 컴퓨터이다.

라즈베리 파이 모델-B

<출처: 위피백과 정의>

기본적으로 모델 B의 경우 메모리 512메가를 지원하며, 입출력 단자로 전원단자, HDMI, LAN, USB 2.0x2개, 컴포지트, Audio Output, 임베디드를 테스트할 수 있는 8개의 GPIO와 관련 접지 선들이 있다. 미국 달러로 35$, 국내에서 5만~5만 5천 원 정도로 소형 미니 컴퓨터 한 대를 들여 놓는 셈이다.

▶ 비트브릭(bitBrick)

아두이노와 라즈베리 파이처럼 납땜을 하고 전선을 직접 만져야 하는 번잡스러움이 싫다면, 헬로우긱스(hellogeeks)사에서 개발된

비트브릭(bitBrick)이라는 제품도 있다.

비트브릭-보드(하드웨어)와 비트브릭-스케치(소프트웨어)의 결합으로 이루어져 있으며, 비트브릭-보드는 다시 메인보드, 센서 보든, 아웃풋 보드로 구성된다.	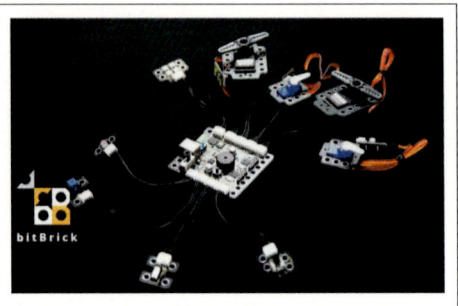	

메인보드	사람의 두뇌 역할을 하는 보드로, 비트브릭-스케치에서 설정한 프로그램대로 센서 보드와 아웃풋 보드를 제어한다.	
센서보드	사람의 입력 기관처럼 기능하는 보드 - 빛의 밝기를 감지하는 밝기 센서 - 사용자 터치를 인식하는 터치 센서 - 적외선을 내보내고 받는 적외선(IR) 센서 - 손잡이로 볼륨을 조절하는 볼륨 센서 각 센서의 값은 데이터 케이블로 메인보드에 전달	터치센서가 눌리면 터치센서가 눌리지 않으면 LED에 빨간불! LED에 초록불!

아웃풋
보드
	메인보드에서 보내온
	데이터로 동작하는 보드
	- 빨강, 초록 등 빛을 내는
	  Full Color LED
	- 180도 회전이 가능한
	  서보 모터
	- 360도 회전 가능한 DC
	  모터	

비트브릭 -스케치	비트브릭-보드에 연결해 보 드의 센서보드와 아웃풋 보 드의 동작을 프로그래밍 할 수 있는 소프트웨어. 스크래 치(Scratch) 기반으로 되어 있어 간편하게 프로그램을 작성할 수 있음	

<자료출처: http://hellogeeks.kr/bitbrick/>

비트브릭(풀 세트)의 가격은 121,000원으로 만만치 않은 가격이라 생각할 수 있다. 하지만 구성품의 면면을 살펴보고, 집에 있는 레고 블록과 호환도 가능한 점 등 여러 가지 사항을 고려하면 충분히 가치가 있다고 본다. 솔직히 제품을 보다 보니 아이보다 내가 먼저 해보고 싶다는 생각이 들었다. 국내 신생 벤처의 기술로 만들어진 비트브릭이 계속 더 좋은 센서와 아웃풋 보드들을 추가해 주기 바란다.

▶ **리틀비츠**(LittleBits)

레고 블록을 연결하듯이 전자회로를 구성할 수 있다면 얼마나 편할까? 리틀비츠(littleBits)는 자석으로 되어있어 아이들도 손쉽게 조립 가능한 모듈화된 전자회로이다.

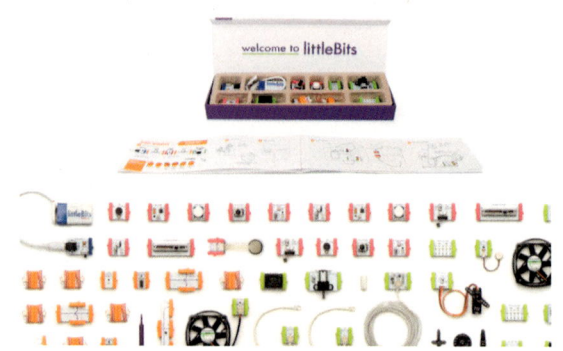

<출처: 도구와 인간 http://www.doguin.com/>

주요기능 모듈들이 색으로 구분되어 있다. 파랑(전력), 분홍(입력), 초록(출력), 주황(연결) 순서대로 끼우며 입력과 출력모듈을 자신이 원하는 대로 조합해 볼 수 있다.

베이스 키트의 구성 내용을 살펴보면 전원이 기본적으로 있고, 입력 모듈로 버튼, 볼륨조절(디머), 라이트(빛)센서, 출력모듈로 바그래프, 디씨모터, 파워LED, 소리 나는 부저와 연결(와이어)이 포함되어 있다.

모듈들을 조합해서 간지럼 기계, 플래시 손전등, 초인종 등을 매뉴얼 대로 따라 하며 만들어 볼 수도 있다. 그 외 다양한 모듈들도 있어 자동차, 헬리콥터 등도 만들어 볼 수 있다. 가격은 154,000원(리틀비츠 베이스 키트)에서 가장 비싼 231,000원(리틀비츠 코르그 신스 키트)까지이다.

▶ **레고 마인드스톰**(Lego Mindstorm)

MIT 미디어 연구소에서 개발한 레고 마인드스톰(Lego Mindstorm)으로 직접 로봇을 만들어 볼 수도 있다.

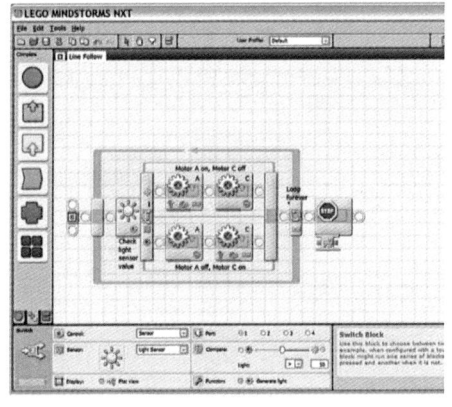

▶ 레고위두(Lego Wedo)

진짜 레고(Lego)사에서 나온 레고위두(Lego Wedo)도 있다.

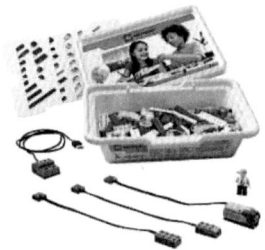

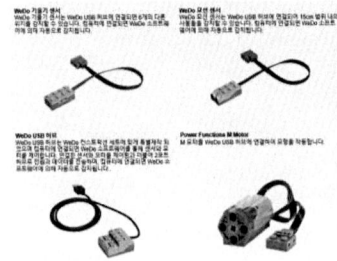
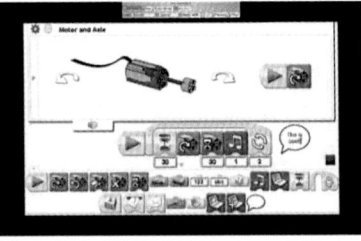

집에 레고 블록이 있다면, 센서들과 교육용 키트를 구매해 조립해 볼 수도 있다. 교육용 소프트웨어와 커리큘럼도 지원된다.

▶ 메이키메이키(Makey Makey)

바나나로 키보드를 만들고 싶다면 메이키메이키(Makey Makey)를 추천한다. 전기가 조금만 통해도 모든 것이 스위치가 되는 메이키

메이키. 사람의 몸, 과일, 물 등 다양한 소재로 키보드 입력을 대체하여 PC게임을 할 수 있다.

스탠다드 키트가 현재 국내에서 6만 원 정도이고 디럭스 키트는 8만 원 정도에 구매 가능하다.

아두이노 보드처럼 작동시킬 수 있는 센서가 장착된 보드로 피코보드(PicoBoard)와 헬로우보드(HelloBoard)도 있다. 너무 많이 소개하면 머리가 아플 것 같아 여기까지만 소개한다.

SW 코딩을 배우려 할 때 사용하는 언어가 있다. EPL(Educational Programming Language) 교육용 프로그래밍 언어이다.

교육용 프로그래밍 언어(EPL)란, 일반 프로그램을 개발하기 위한 언어가 아닌 프로그래밍 학습을 위해 설계된 언어이다. 프로그래밍을 할 때 발생하는 복잡한 에러나 오류들을 없애고 교육의 목적에 충실하게 만든 언어이다. 교육용 프로그래밍 언어는 대부분 문법이 간단하거나 텍스트가 아닌 시각적인 방법을 사용한다. 그래서 어린 아이나 컴퓨터 관련 공부를 하지 않은 사람도 쉽게 접근하여 배울 수 있다. 하지만 교육을 목적으로 만들어진 언어이기 때문에 지원하는 기능에는 한계가 있다.

구분	일반 프로그래밍 언어	교육용 프로그래밍 언어
인터페이스	대부분 텍스트 기반	대부분 비주얼 기반
문법구조	복잡	간단
적용범위	하드웨어 제어~어플리케이션	어플리케이션
사용목적	소프트웨어 개발	프로그래밍 교육

<출처: 한국인터넷 진흥원 >

[표 15] 일반 프로그래밍 언어와 교육용 프로그래밍 언어와의 특징 차이

이제 실제로 어떤 교육용 프로그래밍 언어들을 사용하는지 살펴보자.

▶ **스크래치**(Scratch)

MIT 미디어 랩에서 2007년에 개발한 블록형 프로그래밍 언어이다. 만8세부터 16세까지의 아동을 대상으로 설계되었으며, 작은 명령 단위인 블록 조각을 서로 조립하여 프로그래밍 할 수 있다. 기본적인 변수, 제어문, 조건, 데이터 이용 등의 사용을 할 수 있으며, 스프라이트를 객체로 사용하여 각각 다른 명령을 넣어 프로그래밍을 할 수 있다.

 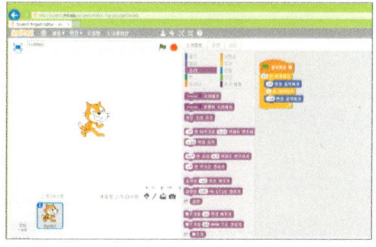

<출처: http://scratch.mit.edu/>

화면에서 간단하게 명령어 블록을 끌어다 놓아(Drag&Drop) 화면
의 고양이(스프라이트)가 움직이도록 한다. 아이패드용으로 '스크래
치 주니어(ScratchJr)'라는 유아용 앱도 나와 있어 마우스 사용이 어
려운 4~5세 아이들도 이용하기 편하다.

프로젝트 단위로 작성하는 프로그램 내용을 공유할 수 있으며,
2014년 9월 당시 600만 개 이상의 프로젝트가 공유되고 있었다.
2013년 5월에 2.0 버전이 발표되었으며 오프라인 개발환경, 클라우
드 저장, 사운드 편집, 그래픽 편집, 스프라이트 복사 기능 등이 추
가되었다.

▶ 엔트리(Entry)

KAIST 융합교육연구센터와 엔트리코리아가 공통 연구 개발한
SW 프로그래밍 교육 플랫폼으로, 스크래치처럼 블록형 언어로 쉽

게 SW 프로그래밍의 개념을 배울 수 있다. 네이버의 '소프트웨어야 놀자'에서 실습했던 프로젝트들도 직접 만들어 볼 수 있도록 구성되어 있다. 학습하기, 만들기, 구경하기로 구성되어 있고, 자신이 만든 SW를 공유하며 토론도 진행할 수 있다.

<출처: http://play-entry.com/>

▶ SiCi(Smart ideas for Creative Interplay)

SiCi는 로봇과 멀티미디어를 결합한 창작을 지원하는 비전문가용 콘텐츠 저작 환경을 제공한다. 가상 세계의 캐릭터와 실제 로봇을 연결하여 스토리텔링, 게임, 과학실험, 아트 창작 등 다양한 아이디어를 쉽게 구현할 수 있도록 융합교육 도구를 제공한다. 한성대학교의 REEL(Robot in Education & Entertainment Laboratory) 교육과 로봇연구소에서 만들었다. PC버전과 안드로이드용 프로그램을 아래 사이트에서 이용할 수 있다.

<출처: http://sici.cc/ >

큐티라는 로봇과도 아두이노로 연동하여 작동시킬 수 있다.

Cutie(SiCiBot)

▶ 메이드위드코드(MadewithCode)

여학생들을 위한 코딩 언어도 준비되어 있다. 컴퓨터나 공학 분야에 여성을 지원하는 '걸스 후 코드'와 구글이 협약해 만든 코딩 교육 웹사이트이다. 아바타를 춤추게 하고, 환상적 그래픽을 연출하고, 비트박스를 믹싱(Mixing)할 수 있다. 각각의 캐릭터를 객체로 인식해 속성과 행위를 정의할 수 있어서 객체 지향 프로그래밍 개념(OOP)을 자연스럽게 익힐 수 있다.

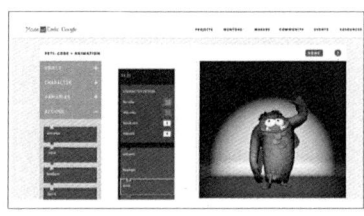

<출처: https://www.madewithcode.com/>

▶ **앱인벤터**(AppInventor)

스마트 폰 앱을 작성할 수 있는 EPL도 있다. MIT의 앱인벤터 (AppInventor), 앱 발명가라니 멋진 이름이다. 해당 사이트에 접속해서 로그인(구글 계정)하면 화면을 디자인할 수 있는 디자이너 (Designer) 모드와 코딩을 블록처럼 놓을 수 있는 블록(Blocks) 모드를 볼 수 있다. 디자이너 모드에서 화면 디자인을 하고 블록 (Blocks) 모드 화면에 명령어 코드 블록을 놓으면 된다.

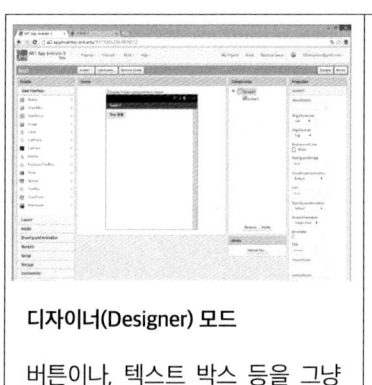	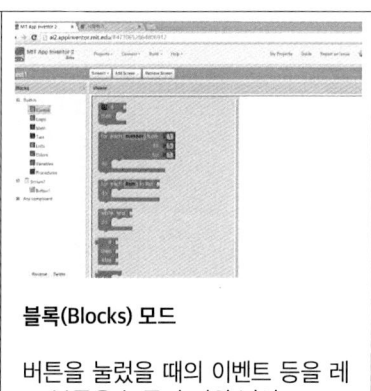
디자이너(Designer) 모드	**블록(Blocks) 모드**
버튼이나, 텍스트 박스 등을 그냥 끌어 놓기(Drag&Drop)로 위치시키면, 핸드폰 화면에 그대로 보여짐	버튼을 눌렀을 때의 이벤트 등을 레고 블록을 놓듯이 끼워 넣어 프로그래밍 하는 방식

앱 스토어에서 에뮬레이터 앱을 내려 받아 깔면, 내가 작성한 앱 화면을 바로 나의 휴대전화에서도 볼 수 있게 된다.

▶ **엠비즈메이커**(MBizMaker)

스마트 폰 앱을 손쉽게 만들 수 있는 것으로 국내 SW도 있다. 본래 상업적 용도로 만들어 졌지만 무료로 사용도 가능하다(단, 10M 용량 제한). 한글 프로그램을 사용하는 것처럼 편리하게, 영어의 부담 없이 사용할 수 있는 소프트웨어이다. 잘 만들었다면 오픈 마켓에 등록도 할 수 있다.

<출처: http://www.mbizmaker.com/ 홍보자료>

▶ OLC(Open software Learninig Community)

무료로 스크래치, 파이선, 스몰베이직과 같은 언어를 교육 받을 수 있는 국내 사이트이다. 다양한 동영상 강의를 들을 수 있다.

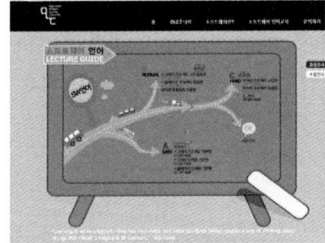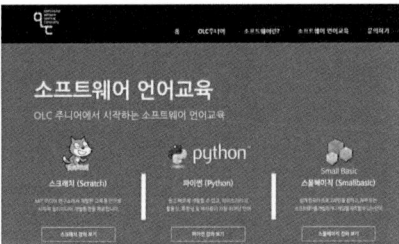

<출처: http://olc.oss.kr/ >

▶ 생활코딩

프로그램을 모르는 일반인들에게 프로그래밍을 알려주는 곳이 있다.

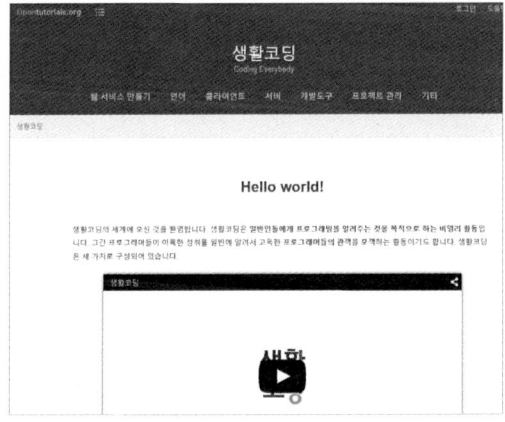

<출처:생활코딩 https://opentutorials.org/course/1>

Java, javascript, phython, 스크래치 등의 언어를 배울 수 있고, 웹서비스를 만드는 과정도 단계단계 강의를 제공하고 있다. 동영상 온라인 강의, 온·오프라인을 병행하는 강의 그리고 순수한 오프라인 강의도 지원하고 있다.

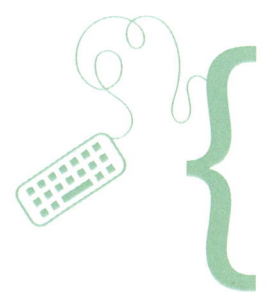

스크래치
그게
어떤 건데?

소프트웨어 코딩 교육을 말하면서 가장 많이 이야기되고 있는 스크래치(scratch) 언어에 대해서 살펴보자.

미리 얘기하지만 이 책은 스크래치 프로그래밍을 자세히 설명하는 책은 아니다. 이제 SW 코딩을 처음 접하는 부모들을 위해 이 도구가 얼마나 쉽고 재미있는지에 대해 설명하는 것이므로, 맛보기 한다는 생각으로 부담 없이 어깨에 긴장을 풀고 즐기기 바란다. 혹시라도 이미 스크래치에 관해 알고 있다면 과감히 건너뛰어도 좋다.

스크래치(Scratch)는 한마디로 프로그램을 짜는 "디지털 레고 블록"이다. 아이들 장난감인 레고 블록처럼 그냥 자기가 넣고 싶은 프로그래밍 명령을 블록처럼 갖다 끼우는 것이다. 정말 쉽다.

스크래치의 특징을 살펴보자.

첫째, 레고 블록처럼 쉽다.

스크래치는 디지털 레고 블록이다. 실제로 명령어들을 끌어다 놓기(Drag&Drop) 하면 딸깍 맞춰지는 느낌이 든다. 읽어보면 무슨 의미인지 짐작할 수 있도록 명령어나 이벤트들이 직관적으로 되어 있다.

둘째, 소리나 그림 등 미디어 이용이 쉽다.

마이크가 있으면 녹음이 바로 되고, 그림 등의 이미지가 있으면 가져와서 자유 자재로 사용할 수 있다. 그림 편집하기도 쉽게 되어 있다.

셋째, 다른 사람과 공유가 가능하다.

내가 작성한 스크래치 프로그램을 스튜디오를 통해 다른 친구들에게 공유할 수도 있고, 다른 친구가 작성한 스크래치 프로그램을 내가 가져와서 고치기(Remix)도 가능하다.

넷째, 물리적인 센서와도 연동이 가능하다.

아두이노 보드와 연동하여 LED램프나, 소리 등 물리적 조작이 가능하다.

다섯째, 한글이 지원된다.

미국에서 만들었는데 한글이 이렇게 잘 지원되다니, 이런 고마울 데가……. 단, 각종 도움말이나 자료들은 영어로 되어있다. 심지어 내가 작성한 프로그램에 대한 댓글이 영어로 달릴 수도 있다.

자, 이제 컴퓨터를 켜고 웹 브라우저를 열고 Scratch를 둘러보자. 현재 플래시 플레이어의 문제로 안드로이드폰이나 아이폰 등에서는 사이트를 정상적으로 이용할 수 없다. PC로 접속해야 한다.

http://scratch.mit.edu 에 들어가면 위의 화면이 나온다. 여기서 왼쪽 상단 을 누른다. 로그인도 일단 필요 없다. 아래의 화면으로 들어온다. 추가적인 프로그램 설치도 필요 없다. 웹 브라우저에서 그냥 들어가면 된다(단 플래시 프로그램은 설치해야 한다).

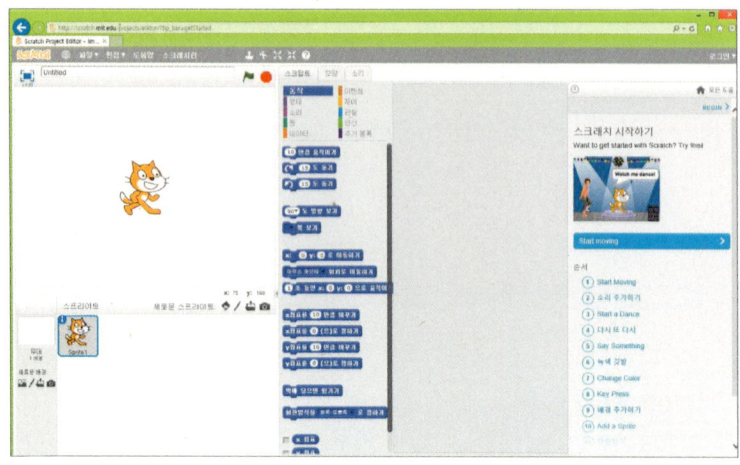

스프라이트 : '요정', '도깨비'라는 뜻. 명령어 입력에 따라 동작하는 캐릭터, 배우

스크립트 : '대본'이라는 뜻. 명령어의 모음

자, 이제 여러분이 연극의 연출자나 방송국 PD라고 상상해 보자. 스프라이트는 요정 배우다. 여러분이 연기하라고 명령을 내리면 그대로 하는 배우인 것이다. 여러분은 이 스프라이트를 움직이기 위해 스크립트라는 곳에 명령어를 입력하면 된다.

스크래치에 간단히 프로그래밍을 해보자. 저 고양이 스프라이트가 오른쪽으로 10만큼 이동하고 여러분에게 "반가와요 디지털 세상"이라는 인사를 하게 해보자.

스크립트 동작에서  를 끌어다 빈 공간에 놓자.

다음, 스크립트의 형태 를 클릭하고 그 아래서 Hello! 을(를) 2 초동안 말하기 를 끌어다 놓여있던 10만큼 움직이기 블록에 붙여 넣는다. 마치 블록이 딸깍하고 맞춰지는 것처럼 들어맞는다.

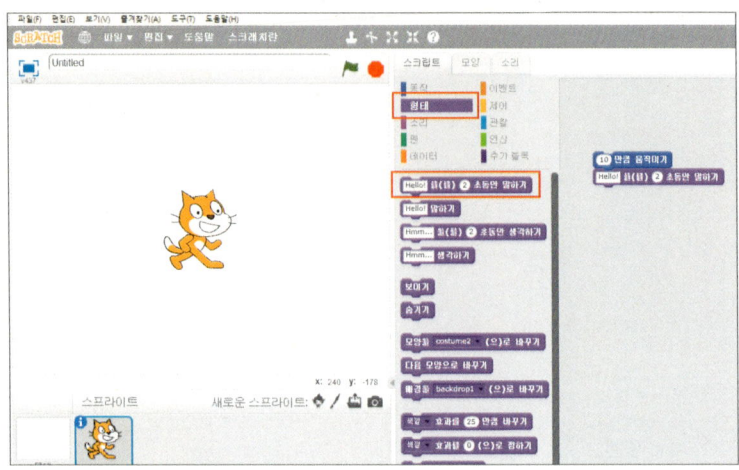

자 이제 "Hello!"를 "반가와요 디지털 세상"으로 바꾸어보자. 그냥 입력 창을 마우스로 클릭하고 입력하면 된다.

자, 마지막으로 하나만 더 하자. 이벤트 를 클릭하고 를 스크립트 블록 가장 위에 올려둔다. 이것은 감독의 큐 사인이다. 감독이 "레디~! 액션!" 할 때 배우들이 움직이는 것과 같다.

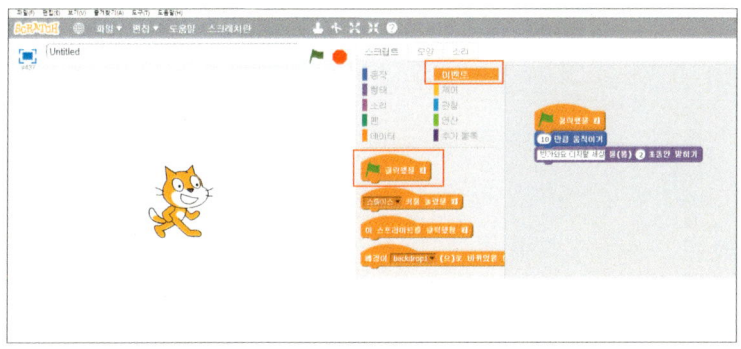

자, 스프라이트(배우) 준비되셨지요. 스크립트(대본) 잘 준비됐고 그럼 갑니다.

스프라이트가 있는 화면 상단의 깃발 모양을 클릭하자. 마우스를 갖다 대면 깃발이 초록 깃발로 바뀔 것이다. 그것을 누르자. "레디~! 액션!"

결과는

스프라이트가 오른쪽으로 10만큼 이동하고 "반가와요 디지털 세상" 하고 인사를 건넸다. 여러분은 지금 디지털 세상에 여러분의 의도대로 움직이는 프로그램을 하나 만든 것이다.

나는 중학교 1학년 때 처음 Basic이라는 언어를 가지고 프로그래밍을 배웠다. 그때 아주 간단한 1부터 10까지의 합을 구하는 프로그램을 작성했다. 내가 의도했던 55라는 결과가 나왔을 때, 당연한 결과지만 내가 해냈다는 기쁨과 함께 컴퓨터가 이렇게 움직이는 것이라는 원리를 처음 터득하고 가슴이 벅차 올랐다. 컴퓨터가 내 말과 의도를 알아듣는다는 새롭고 신기한 경험. 그날의 작은 경험이 나를 프로그래머의 세계로 인도했는지도 모른다.

대부분의 프로그래머들이 새로운 언어를 익히며 가장 처음 작성하는 것이 "Hello, World!"라는 말을 화면에 출력하는 것이다. 새로운 세상과의 만남. 그 신기한 경험을 이제 우리 아이들과 나누어야 할 때다.

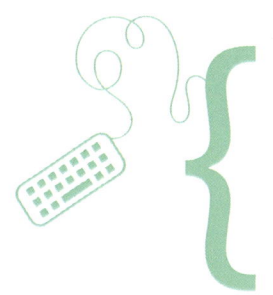

스크래치
어디까지
해봤니?

스크래치로 만들 수 있는 다양한 작품들을 만나볼 시간이다. 스크래치에서는 다른 사람들과 공유하여 공동작업(Collaboration)을 진행할 수 있다. 협업을 위해 스크래치에서 사용하고 있는 용어와 개념들을 알아보자.

프로젝트 (Project)	개개의 스크래치 프로그램, 게임이든 스토리(Story)든 스크래치 생성 화면에서 만드는 스크래치 프로그램의 단위. 공유된 프로젝트와 공유되지 않은 프로젝트가 있다.
스튜디오 (Studio)	공동 프로젝트를 진행하기 위한 일종의 팀(Team) 개념. 여러 개의 스튜디오를 만들 수 있다. 스튜디오 내에 관리자와 큐레이터로 구성되어 공동 프로젝트를 진행할 수 있다. 스튜디오 내에서 여러 명의 관리자가 있을 수 있고, 여러 명의 큐레이터가 있을 수 있다.
관리자 (Manager)	스튜디오 내에서 여러 권한을 갖고 프로젝트를 진행할 수 있다. 다른 큐레이터를 초청할 수 있고, 큐레이터 중에서 승진을 시켜 관리자를 만들 수도 있다. 큐레이터 초청 권한, 프로젝트에 설명이나 아이콘 등을 수정할 수 있는 권한이 있다.

큐레이터 (Curator)	부관리자, 연구원. 스튜디오 내에서 프로젝트를 추가하거나 제거할 수 있다. 관리자의 초대를 받아야만 편집할 수 있는 권한이 생긴다.
내 작업실 (My Stuff)	내가 가진 프로젝트들, 스튜디오들, 관리자들, 큐레이터들을 관리하기 위 한 작업공간.
리믹스 (Remix)	공유된 프로젝트에 대해서 편집하는 행위. 기존 프로젝트를 직접 변경시킬 수도 있고, 리믹스(Remix) 버전의 새로운 프로젝트가 생기기도 한다. 원래 프로젝트에서 얼마나 리믹스 버전이 생겼는지 리믹스 트리로 보여 준다.

[표 16] 스크래치 주요 용어

이런 협업을 통해 만들어진 다양한 작품들을 살펴보자.

체조 동작 설명
첫 화면에서 영어와 스페인어 중 하나를
선택하면 동작 명칭을 보여주고, 상단의
동작 아이콘을 클릭하면 평형대 위의 여
자 캐릭터가 해당 동작을 보여준다. 테
크노 배경 음악이 아주 신난다.

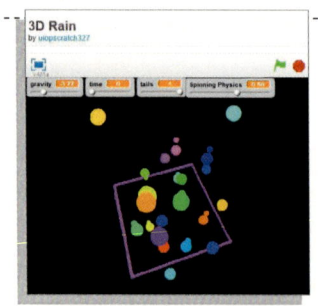

3차원 비 내리기 (3D Rain) 시뮬레이션
마우스 움직임에 따라 아래 사각형이 지
평이 되어 움직이며, 3차원으로 빗방울
이 떨어지는 모습을 시뮬레이션 한다.
중력 값, 시간, 빗방울 꼬리길이, 회전율
등의 입력 값을 변경해 볼 수 있다. 물리
의 중력 개념 등을 접목시킨 시뮬레이션
이다.

환상적인 색의 지구

하단의 클론 개수(Clone Count)를 입력
하면 클론들이 나와서 동그란 구의 표면
을 마구 돌아다니며 색을 만들어 낸다.
시뮬레이션 프로그램의 일종이다. 정해
진 값이 아닌 랜덤 값(임의 값)들이 만
들어 내는 우연의 자취를 느껴 보시라.

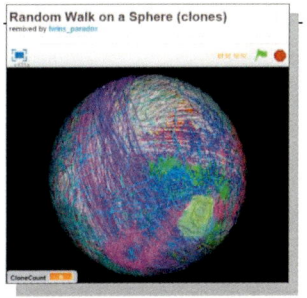

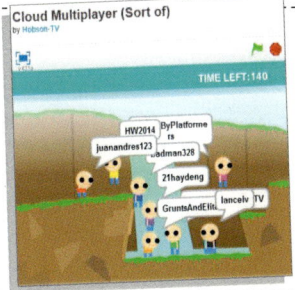

멀티 플레이 게임

화면에 들어가면 이 스크래치 프로그램
에 실시간으로 동시 접속해 있는 사람들
이 하나하나의 캐릭터로 나타난다. 상하
좌우 이동이 가능하다. 전세계에서 지금
내가 보고 있는 이 화면을 보는 사람들이
이렇게 있는 것이다.

배팅 게임

오늘의 경마 운을 시험하고 싶다면 이
프로그램을 추천한다. 사용자에게 몇 번
선수에게 배팅할 지 입력 받고, 선수들
은 랜덤한 속도로 달리기를 한다. 결승
선까지 내가 배팅한 선수가 1등을 할지,
그건 순전히 운이다.

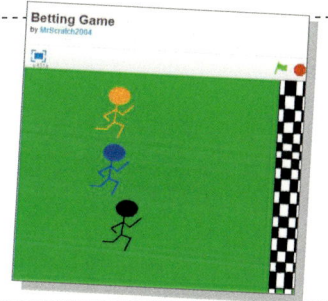

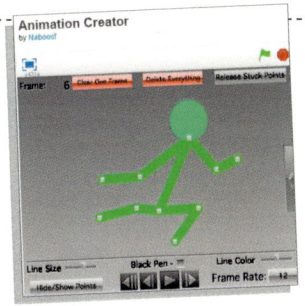

애니메이션 만들기

화면의 포인트들을 이동시켜 한 프레임
씩 동작을 만들 수 있다. 20프레임까지
동작을 다르게 넣고 나서 처음부터 실행
하면 애니메이션의 한 장면이 된다.

5.
제대로
SW를
교육하려면

인간의,
인간에 의한,
인간을 위한
디지털 세상

2009년 평소와 다름없는 어느 월요일 아침이었다. 당시 나는 국내 1위인 오픈 마켓의 개발팀장을 맡고 있었다. 출근하자마자 늘 하던 대로 각종 모니터링 툴을 띄워 거래 상태를 확인하고 있을 때, 사장님으로부터 다급한 전화가 걸려왔다. 주말 사이 평소보다 거래 건이 20% 이상 하락한 원인을 찾으라는 것이다. 오픈 마켓의 특성상 일요일 저녁이 가장 많은 매출 트래픽을 기록하는데, 지난 주말은 무슨 일인지 평소와는 확연히 다른 모습이었다. 비상이 걸렸다.

소프트웨어 개발실은 지난 주말 소스 반영에 문제가 없는지 점검에 들어갔고, 나는 카테고리 별, 결제수단 별로 이상 징후가 없는지 거래 데이터를 점검했다. 네트워크와 서버를 담당하는 기술실은 네트워크 트래픽 변화량과 서버 운영 로그들을 살펴보며 이상이 없는지 확인했다. 보안실은 디도스(DDos) 공격의 시도가 있었는지 보안 로그들의 패턴을 분석했고, 마케팅실은 외부 포털 쪽에서 링크나 배너가 빠지지 않았는지 등 각 부서별로 원인을 찾느라 바빴다.

한 시간이 지나도 뚜렷한 원인을 몰랐다. 도대체 무슨 일이 있었던 것일까? 원인은 전혀 다른 곳에 있었다. 당시 최고 시청률을 자랑하던 드라마 〈꽃보다 남자〉를 보느라 사람들이 인터넷 주문을 하는 대신 TV를 보고 있었기 때문이었다.

디지털 세상의 모든 것은 궁극적으로 인간이 만들어낸다. 인간의 행태, 욕구를 기록한 것이 디지털 세상이다. 그렇기에 디지털 세상의 이야기를 듣기 위해서는 인간에 대한 이야기를 먼저 고민해야 한다. 고객의 요구와 최신 경향(유행)에 맞추어 수많은 웹 서비스를 개발하고, 새로운 IT 정보를 빠짐없이 체크하며 치열하게 앞만 보고 달렸던 나에게 그날의 경험은 내가 하고 있는 일이 결국 무엇인지를 일깨우는 하나의 사건으로 기억되었다.

디지털이 그릇이라면 그 안에 담겨야 하는 내용은 결국 '인간'인 것이다. 오호, 디지털이라는 최첨단 시대에 인간? 그것은 결국 인문학에 대한 얘기인가? 이것이 딱딱한(Hard) 하드웨어(Hardware)의 이야기가 아니라 부드러운(Soft) 소프트웨어(Software)의 이야기이기 때문이다. 궁극적으로 인간의(of the people), 인간에 의한(by the people), 인간을 위한(for the people) 디지털을 고민해야 한다.

▶ **인간의 디지털**(Digital of People): **인간의 욕구가 분출되는 디지털**

블로그(Blog)에 글 쓰는 것이 유행이던 때가 있었다. 매력적인 도입부를 잡고, 설득력 있게 본론을 쓰고, 요약 정리로 깔끔하게 마무리하며, 화질 좋은 사진도 몇 장 예쁘게 편집해서 올려야 하는 블로그. 하지만 가끔은 이런 긴 글을 쓰는 게 부담스럽기도 하다. 그냥 지금 생각나는 느낌을 간략하게 표현하고, 그때 그때 주고 받을 수 있는 좀 더 심플한 블로그가 없을까? 이런 욕구를 그냥 흘려 보내지 않고 서비스로 구현한 사람이 있다. 140자로 담아내는 일상의 미학, 트위터(Twitter)를 만든 잭 도시(Jack Dorsey)이다.

누군가와 소통을 하고 싶다는 욕구, 누군가와 감정을 나누고 싶어하는 욕구. 인간은 모두 외롭기 때문이다. 굳이 철학적인 실존적 외로움을 의미하지 않더라도, 물질적으로는 풍요롭지만 현대인들은 정신적 소외와 불안을 잊기 위해 인간적인 감정을 나누고 공감하기를 원한다. 트위터나 페이스북을 하며 좋아요(Like it)를 많이 받거나 팔로워가 많아지기 바라는 마음 아래에는 이런 외로움을 위로 받고 싶은 마음이 있는 것이다.

한 때는 싸이월드의 미니홈피가 유행이었다. 인간의 욕구가 폐쇄적 공간에서 이제는 오픈된, 공유가 쉬운 공간인 트위터나 페이스북으로 이동한 것이라면, 다음은 어떤 SW가 나올까?

매슬로우의 욕구 이론에서 살펴보았듯이, 인간의 욕구는 생존의 욕구, 안전의 욕구를 넘어 사회적 욕구, 존재적(자존감) 욕구, 자아실현의 욕구로 확대되어 간다. 소프트웨어를 만들려면 바로 인간 욕구에 대한 예리한 통찰이 필요하다.

나는 요즘 6살 내 아이와 노래를 만드는 작곡에 푹 빠져있다. 우리 집에는 피아노가 없을 뿐만 아니라, 나와 아이는 피아노를 칠 줄도 모른다. 심지어 아이는 도, 레, 미, 파 계이름도 모른다. 하지만 손가락만으로도 음을 선택하고 멜로디를 만들 수 있는 앱을 이용해 가나다 한글송을 만들고 있다(App Music4Kids). 이렇듯 창작의 욕구를 표현할 수 있는 많은 소프트웨어들이 쏟아지고 있다.

▶ 인간에 의한 디지털(Digital by people): 인간이 만들어가는 디지털

여기 두 명의 소프트웨어 프로그래머가 있다. 한 사람은 정보를 빼내는 소프트웨어를 만드는 사람이고, 다른 한 사람은 정보를 추가하는 소프트웨어를 만드는 사람이다. 첫 번째 사람은 사용자 몰래 프로그램을 내려 받아 이메일 주소와 사진 등을 빼내는 스파이웨어(Spyware)를 만든 프로그래머이다. 두 번째 사람은 누구나 편집 가능한 웹 문서를 만들고, 그 변화와 협력의 지속적인 과정에 참여하도록 하여 세계 최대의 지식 공유 사이트, 위키피디아를 만들어냈다.

디지털 시대에 소프트웨어를 만드는 것은 인간이다. 우리는 어떠한 소프트웨어도 만들 수 있다. 프로그래머는 자신이 만드는 소프트웨어의 창조자(Creator)이다. 무엇을 만들지, 어떻게 만들지는

창조자의 선택이다.

▶ 인간을 위한 디지털(Digital for people): 인간을 인간답게 하는 디지털

아프리카의 어느 허름한 흙집에서 방금 갓난아이 한 명이 태어났다. 처음 아이를 안아보는 산모와 아이의 아빠는 새로 태어난 아기를 안고 어떻게 해야 할지를 모른다. 주거환경이나 위생, 무엇보다 영양 상태가 좋지 않은 아프리카에서는 작은 도움이라도 아이에게는 목숨과 직결되는 문제이다. 아이의 아빠는 '래피드프로(RapidPro)'라는 앱을 이용해 아이의 키, 몸무게 등을 문자로 보낸다. 문자를 받은 정부기관과 의료기관은 "아이가 아직 저체중이니 OO 진료소로 가보세요."라며 가장 가까운 진료소를 안내한다.

"기술이 가난이나 아프리카가 처한 문제를 완전히 해결할 것이라고 생각하진 않는다. 대신 기술은 문제를 조금 더 쉬운 방식으로 해결해줄 것이며, 우리는 그러한 문제에 도움을 주는 기술을 만들 것이다."

래피드프로(RapidPro) 개발자 니콜라스 포티어

"정보에 대한 접근권은 가장 기본적인 인권이다. 더 많은 정보를 아프리카 아이들에게 제공하면, 아이들은 사회를 변화시킬 기회를 얻을 수 있다"

유니세프 이노베이션센터 디렉터, 사라드 사파라

디지털 시대 그리고 인간. 광활해져 가는 디지털 세상에서 길을 잃지 않고, 앞으로 나아갈 수 있는 가장 기본적 좌표는 '인간'이 아닐까? 꺼져가는 한 생명을 살리기 위한 최첨단 로봇 심장 수술의 소프트웨어도 인간이 만든다. 동시에 그런 인간의 심장을 겨누는 최신 핵탄두 미사일의 정교한 추격 기능도 누군가가 만든 SW일 것이다.

미디어로서의
소프트웨어

소프트웨어를 만들기 위해서, 소프트웨어를 제대로 교육하기 위해서 우리는 소프트웨어가 무엇인지 그 의미를 다시 한 번 생각해 보아야 한다. 그런 의미에서 나는 미디어로서 소프트웨어를 말하고 싶다.

흔히 '미디어'라고 하면 텔레비전이나 영화와 같은 전달 매체로서의 미디어를 생각해 볼 수 있다. 소프트웨어도 마찬가지의 미디어이다. 아니, 오히려 요즘은 텔레비전이나 영화도 컴퓨터와 인터넷 상의 소프트웨어로 보고 있으니 소프트웨어는 미디어의 미디어(메타미디어[10] 라고 함)라고 할 수 있다. 미디어로서 소프트웨어가 갖는 두 가지 의미를 살펴보자.

---

10) 메타미디어(Metamedia): 모든 미디어의 중심을 컴퓨터로 하여금 음성, 텍스트, 화상 등의 각종 미디어를 통합하게 하는 멀티미디어 개념. 알란 케이(Alan Kay)가 제창한 개념.

첫째, 상상력을 표현하는 미디어

> "컴퓨터와 소프트웨어는 단지 '기술'이 아니라 우리가 그것을 통해 다르게 생각하고 상상할 수는 새로운 '미디어'이다."
> – 하워드 라인골드(Howard Rheingold)의 『사고 도구 Tools for Thought』

소프트웨어를 단순히 '필요한 기능을 디지털로 구현하는 것' 정도로만 생각하던 나에게 소프트웨어가 '미디어'라는 생각의 변화를 심어준 말이다. 소프트웨어는 이전에는 가능하지 않던, 현실 세계에서는 많은 제약들이 있던 일들을 가능하게 해준다. 가수 싸이의 '강남스타일'만 봐도 그렇다. 싸이는 이미 이전에도 재미있는 뮤직비디오를 찍고 노래를 만들었던 가수이다. 그런데 강남스타일이 폭발적인 전세계적 호응으로 연결될 수 있었던 것은 유튜브(YouTube), 트위터(Twitter), 페이스북(FaceBook)이라는 소프트웨어 때문이었다. 2015년 5월말 강남스타일은 유튜브 조회건수 20억 뷰를 돌파했다.

당신이 원한다면 당신은 오늘부터 만화 영화를 만들 수도 있다. 불가능할까? 대본이 없다고? 배우가 없다고? 상영을 할 상영관이 없다고? 디지털 세상에 수많은 소프트웨어가 당신을 지원할 것이다. 당신이 상상을 펼칠 수 있도록 도와줄 것이다. 그래서 나는 가끔 생각한다. 상상력을 펼치는 데 더 필요한 것은 논리력보다는 예술적 감성이 아닐까?

둘째, 생각을 지배하는 미디어

미디어 철학자이자 커뮤니케이션 이론가인 빌렘 플루서(Vilem Flusser)는 소프트웨어에 대해 재미있는 커뮤니케이션 역사 이야기를 들려준다. 플루서가 정의하는 미디어는 '물질적·기술적 특성과 상관없이 코드가 작동하게 하는 구조'이다. 상호간에 공통적인 의사소통의 기호를 '코드'라 약속하고 이것이 작동되게 하는 구조를 '미디어'라고 한다면, 전화나 심지어 축구도 하나의 미디어라고 할 수 있다. 코드가 작동하게 하는 구조. 이 말은 소프트웨어가 미디어라는 것을 가장 명확하게 설명해 준다. 왜냐하면 소프트웨어는 이미 소스코드를 작성하고 작동시키는 구조이기 때문이다.

플루서는 인류의 커뮤니케이션 코드 발전의 단계를 그림 → 텍스트 → 디지털 코드(기술적 형상) 3단계로 설명하고 있다.

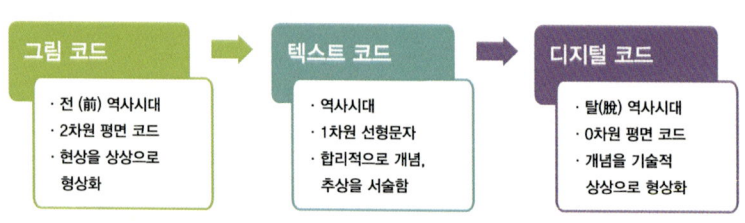

[그림 14] 빌렘 플루서의 커뮤니케이션 코드 발전 단계

역사를 기록하기 전인 원시시대에 그림으로 지식을 남겼다면, 문자가 보급된 시대에는 텍스트의 코드 즉, 책의 형태로 지식을 전했

다. 네트워크와 컴퓨터로 연결된 지금과 같은 디지털 시대(저자는 '텔레마틱[11] 사회'라 썼음)에는 디지털 코드(저자는 '기술적 형상'이라 함)로 커뮤니케이션을 한다.

디지털 코드(기술적 형상)란 사진, 영화, 포스터, 텔레비전, 비디오, 컴퓨터 애니메이션뿐 아니라 인터넷이나 모바일 등 디지털 기술에 의한 디지털 콘텐츠 및 소프트웨어라 할 수 있다.

플루서는 디지털 시대에는 일방적인 지식의 배포가 아닌 자유로운 대화의 커뮤니케이션이 가능하다는 긍정적인 면을 말한다. 인터넷에 자유롭게 글을 올리고 댓글을 다는 등 자유로운 양방향 커뮤니케이션의 이점이 있다. 하지만 디지털 코드(기술적 형상)을 무비판적으로 받아들일 경우, 제2의 파시즘처럼 전체주의적 사고가 재현되거나 인간성 말살, 역사적 인식의 소멸 등이 나타날 수 있다고 경고하고 있다. 한때 각종 인터넷 괴담들이 떠돌아 세간을 떠들썩하게 한 적이 있다. 지나고 보면 코웃음 치며 '누가 그런 걸 믿어' 하겠지만, 그 당시에는 다들 '설마' 하면서도 한번쯤 '그럴 수도'라고 생각했다.

디지털 코드(기술적 형상)에 대한 무비판적 수용을 막기 위한 방법은 무엇일까? 플루서는 주장한다. 프로그래밍을 배우라고. 디지털

---

11) 텔레마틱: 플루서의 《코무니콜로기》에서 텔레마틱스 사회- Tele(멀리있는)과 matik(자동으로 가져옴)의 합성어. 네트워크 망으로 연결된 오늘날의 디지털 세상을 의미.

시대에 맞게 디지털 코드(기술적 형상)들이 어떻게 동작하고 어떻게 구성되는지 알아야 하며, 단순히 아는 차원으로 그치지 말고 자유롭게 상상하며 변화를 만들기 위해 실제로 프로그래밍을 하라고 말한다. '아는' 것과 '하는' 것은 다르다. 실제로 해 보아야 한다.

디지털 시대에 소프트웨어에게 의식을 지배당하지 않기 위해서, 정보를 무분별하고 일방적으로 수용하지 않기 위해서 우리는 소프트웨어가 어떻게 만들어지고, 어떻게 동작하고, 디지털 시대에 어떻게 생각을 시뮬레이션 하는지 알아야 한다.

무엇이
제대로 된
SW 교육인가?

이 책을 쓰며 엄마로서, 전직 소프트웨어 프로그래머로서 제대로 SW를 교육한다는 것이 무엇일까 고민했다. 페이스북이나 트위터처럼 세계적인 소프트웨어를 만들어 시가총액 몇백조의 회사를 만드는 것일까? 아니면 정부의 목표대로 몇십, 몇백만 명의 소프트웨어 프로그래머를 만들어 내는 것이 제대로 된 SW 교육일까?

SW를 교육하는 방법에 있어서도 '소프트웨어 코드 일주일에 3개씩 만들어 내기' 이런 식으로 '많이 만들어 보면 된다'라며 양적인 목표를 세워 질적 변화를 유도할 것인가? 입시 지옥, 사교육 천국의 대한민국에서 SW 교육이라는 것을 제대로 한다는 것은 과연 어떤 의미일까? 복잡한 생각들이 많이 떠오른다. 그럼에도 마음에서 떠나지 않는 생각이 있다.

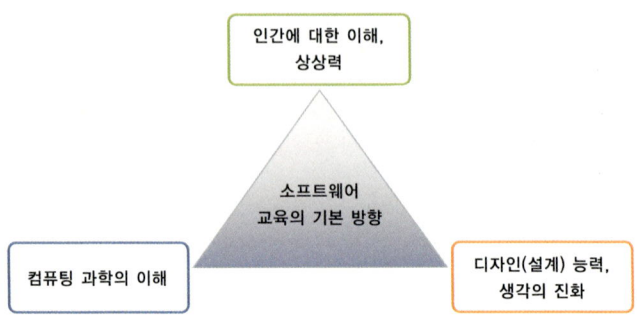

[그림 15] 소프트웨어 교육의 기본 방향

나는 제대로 된 소프트웨어 교육을 위한 기본 방향으로 3가지를 제시한다. '컴퓨팅 과학의 이해', '인간에 대한 이해와 상상력', '디자인(설계) 능력과 생각의 진화'이다. 이 3가지가 조화를 이루며 교육이 되어야 비로소 우리가 원하는 컴퓨팅 사고력을 가진 인재를 교육할 수 있다.

첫째, 컴퓨팅 과학의 이해

소프트웨어를 만들려면 필수적으로 알아야 하는 지식과 개념들이 있다. 프로그램이 돌아가는 하드웨어에 대한 이해, 네트워크의 작동 원리, 각종 프로그래밍 언어의 구문 등이다. 하지만 용어들도 모두 영어로 되어 있고 개념들도 쉬운 개념들이 아니다 보니, 기술 용어의 홍수에 빠지기 쉽다. 수학이나 과학에서도 마찬가지지만,

기본적인 원리가 무엇인지 파악하고, 이러한 개념의 본질적인 의미가 무엇인지 생각해 보는 것이 중요하다.

나는 IT에서의 지식은 흐르는 강물과도 같다고 생각한다. 자고 나면 새로운 기술과 도구들이 넘쳐난다. 지금은 이것이 새롭고 굉장히 중요해 보인다. 이것만 있으면 모든 것을 다 할 수 있을 것 같이 느껴진다. 하지만 실상은 흐르는 강물의 물 한 바가지 떠놓은 것에 불과하다. 도구나 용어의 현란함에 매료되기보다 기본에 충실한 자세가 필요하다. 프로그래밍 언어도 도구이다. Visual Basic, C++, Python 등 모든 언어를 다 안다고 프로그래밍을 잘할까? 꼭 그런 것은 아니다.

나는 어느 날 홈쇼핑에서 어떤 주방용 조리기구를 파는 것을 보고 "우아, 저거 정말 대단해! 저거면 시간도 절약되고 엄청 빨리 요리할 수 있을 것 같아"라며 물건을 샀다. 그런데 몇 개월 지나고 보니, 나는 여전히 5년 넘은 손에 익은 부엌칼만 쓰고, 그 조리기구는 선반 깊숙한 곳에 놓아 두고 있었다. 도구는 도구일 뿐이다. 무엇을 표현하고 싶은지 내용과 생각이 주재료이고 도구는 부수적인 것일 뿐이다.

둘째, 인간에 대한 이해와 상상력

소프트웨어가 그릇이라면 그 안에 담아야 하는 것은 '인간에 대한 이해, 상상력'을 바탕으로 해야 한다. 인간 욕구에 대한 예리한 통찰과 관심을 디지털 세상에 감각적으로 풀어내는 접근이 바로 소프트웨어이기 때문이다. 하지만 인간 욕구에 대한 예리한 통찰을 알아내기가 어디 그렇게 쉬운 일인가? 어렵다. 인문학 책을 많이 읽고, 철학적 사고도 하고, 동시대 사람들의 흐름을 읽어 나가는 것이 어찌 쉬운 일이겠는가.

그래서 나는 말하고 싶다. '나' 자신을 바라보자. 가장 인간적이고 내가 가장 잘 아는 사람. 그래도 솔직하게 내면을 들여다 볼 수 있는 자신을 연구하자. 당신이 좋아하는 것, 당신이 원하는 바 그것에 집중하라.

우리는 우리의 욕구를 본래 스스로 원한다고 생각하지만, 사실은 사회적 관계, 문화적 영향에 의해 형성된 욕구이다. 나의 욕구 대부분은 TV에서 가치 있다고 말하는 것들이고, 사람들이 선호하고 가지고 싶다고 하는 욕구이다. 그 중에서도 특별히 내가 관심 가는 일이 있다면 그것에 집중하자.

자기가 하고 싶은 일을 하면, 상상력과 창의력이 샘솟는다. 정말로 원하는 일이라면 어떻게든 방법을 찾게 되고, 그것에 몰입하면 온 세상이 다 그 문제로 보인다. 그리고 그것을 말로 표현하고 그림으로 그리고 싶고, 실제적인 것으로 실체화하고 싶어진다. 그럴 때 표현하는 것이 상상을 디자인하는 것이다.

별로 필요성도 못 느끼고, 왜 하는지 모르는 일을 창의적으로 한다고 머리 싸매지 말고 자기가 하고 싶은 일, 이거 하면 재미있을 것 같은 일을 하라. 이렇게 하면 재미있을 거 같아. 놀이처럼 재미있게 유쾌하게 만들어보자. 내가 재미있으면, 쓰는 사람도 재미있게 쓸 수 있다. 호모 루덴스, 놀이하는 인간이란 말이 있다. 디지털 네이티브. 일도 놀이처럼 하는 사람들이다.

세계 최대의 SNS 페이스북을 만든 마크 주커버그(Mark Zuckerberg)라는 청년이 있다.

세계 최대 SNS 서비스 기업 페이스북이 시가총액이 2,000억 달러를 돌파했다. 8일(현지시간) 블룸버그 통신은 페이스북이 처음 상장한 2012년 이후 2년 만에 시가총액 2,000억 달러를 돌파했다고 보도했다. 구글이 7년여가 지나서야 2,000억 달러를 돌파한 것과 비교하면 상당히 빠른 속도다.
〈출처: 2014년 9월 9일 전자신문〉

전세계 IT 업계를 이끄는 젊은 CEO, '제 2의 스티브 잡스'로 꼽히는 주커버그는 영화〈소셜 네트워크〉의 실제 주인공이다. 내성적이고, 낯선 사람과의 커뮤니케이션을 부담스럽게 생각하는 주커버그. 그런 주커버그가 페이스북을 만들게 된 이유는 다른 사람들과 잘 어울리지 못하는 성격과 관련이 있다. 페이스북을 개발하게 된 동기도 많은 사람들과 친해지고 싶었던 내면적 욕구였다고 한다.

즉, 페이스북이나 트위터는 사람들과 친해지고 싶고 연결되고 싶은 인간의 욕구에 대한 표현이다.

"I mostly built stuff that I liked" (나는 주로 내가 좋아하는 것을 만들었다)." 마크 주커버그의 말에서 해답을 얻을 수 있다. 아이들이 자신을 마음껏 표현하게 하자.

그것이 돈이 되는 소프트웨어이기 때문에 주목하지 말고, 아이의 생각이 독특하고 재미있어서 칭찬하고 용기를 북돋아 줄 수 있도록 해야 한다. 국어, 영어, 수학 등 끊임없이 머릿속으로 무언가를 집어넣어야 한다고 생각하는 아이들에게 어려운 것을 배우지 않아도 상상하는 무언가를 만들 수 있다는 것을 가르쳐 주고 싶다. 이제는 아이들의 머릿속, 상상의 공작소에서 '꺼내는 방법'을 가르쳐야 할 때이다.

셋째, 디자인(설계) 능력, 생각의 진화

머릿속으로 상상한 것을 제대로 디자인하고 시뮬레이션 할 수 있는 능력이 필요하다.

'소프트웨어를 디자인한다'라고 한다면 'UML(모델링 언어)를 배워야 하고, 디자인패턴(소스코드 패턴)을 적용해야 하고, 전체 구조(아키텍처)를 고민하고 디자인 해야 한다'라고 생각하는 사람들도 있다. 그런데 내가 의미하는 바는 조금 다르다. 디자인을 한다는 것은 그것을 하기 위해 많이 알아야 하고, 알고 있는 것을 꼭 적용하는 것을 의미하지 않는다. 그저 자신이 상상하는 것을 하나하나 소프트웨어로 구체화 하기 위해 그림을 그려나가는 것이라고 생각한다.

내가 프로그램을 공부하던 초기에 있었던 일이다. 프로그래밍 언어의 주요 개념을 배우고 알고리즘 설계, 데이터베이스, 화면 UI를 구현하는 법도 모두 빠짐없이 배웠다. 그것도 모자라 두꺼운 따라하기식 책을 몇 권을 독파하고 '자 이제 뭔가 해볼 수 있을 것 같아'라고 생각하며 프로그램을 만들려고 시도했는데, 웬걸 뭘 하려고 해도 내가 생각한 것은 시시하게만 느껴졌다. 머리 속이 하얘졌다. 마치 초등학교 1학년 미술시간에 새하얀 도화지를 앞에 두고 뭘 그려야 할지 몰라 시간만 보내고 있는 그런 느낌이었다.

내가 아는 것을 다 써서 프로그램을 짜보고 싶다는 초보자의 욕심, 작은 생각을 조금씩 발전시켜 더 나은 아이디어로 진화시켜 나가는 경험 부족, 무엇보다도 머리 속에 생각하는 것을 구체적으로 하나씩 설계할 수 있는 능력이 부족했던 것이다.

디자인 능력에서 나는 2가지를 중요하게 생각한다.

첫 번째는 '상상을 디자인하기'이다. 자신이 생각하는 상상하는 것을 구체적인 디지털의 결과물로 만들기 위해서는 생각의 씨앗을 꺼내어 잘 진화시키는 것이 중요하다. 다른 사람들과의 다양한 의견 교류를 통해서 더 나은 생각으로 발전시키고, 그것을 실제적인 시스템적 설계로 만들어 내고, 탄탄한 알고리즘을 만들어 세련된 인터페이스와 그래픽 디자인을 입히는 협업(Collaboration)의 과정을 통해 생각을 구체화 시키는 훈련이 필요하다.

두 번째는 '감각적 경험을 디자인하기'이다. 이제 소프트웨어는 단순히 기능을 구현하는 데서 그치지 않는다. 세련된 감각으로 사용자의 경험을 연결시키는 섬세함이 필요하다. 세련된 감각은 소프트웨어를 사용할 사용자의 욕구를 읽어내는 데서부터 필요하다. 사용자의 요구사항이 정확히 무엇을 의미하는지, 유사한 기존의 기능이나 소프트웨어에서 어떤 불편함을 느꼈는지 세심하게 관찰해야 한다.

직관(Look&Feel)적인 인터페이스나 시선을 사로잡는 디자인도 좋고, 요즘 각광받는 실감형 인터페이스로 구글 글래스나 웨어러블 디바이스(입을 수 있는 컴퓨터)도 좋지만, 그보다 좀 더 본질적으로 이어야 한다. 재미있고, 유쾌하고, 공감할 수 있는 인간의 감성적 감각을 자극할 수 있는 감각적인 경험으로 연결시켜야 한다. 놀이를 하듯, 이야기를 듣듯, 언제 빠져 들었는지도 모르게 몰입을 하고 있고, 이번이 끝나면 다음이 궁금해 지고, 끝나고 나면 재미있어 또 하고 싶어지는 그런 감각을 자극하는 고차원적 경험을 디자인 해야 한다.

여기서 컴퓨팅 사고력을 처음 정의했던 자넷 윙의 정의를 다시 한 번 음미할 필요가 있다.

'컴퓨팅 과학의 이해', '인간에 대한 이해와 상상력', '디자인(설계)

능력과 생각의 진화' 3가지의 생각과 비슷한 부분들을 발견할 수
있다.

"Computational Thinking involves solving problems,
designing systems, and understanding human behavior,
By drawing on the concepts fundamental to computer
science."
"컴퓨팅 사고력이란 컴퓨터 과학의 기본 개념을 바탕으로 문제
를 해결하고, 시스템을 설계하고, 인간 행동의 이해하는 것을
포함한다."

- 자넷 윙(Jennette Wing)

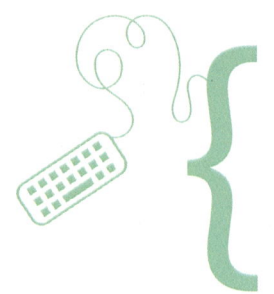

스토리가 있는 소프트웨어, 스토리 기반 소프트웨어
(Story Based Software)

빅데이터를 분석한다는 것은 디지털 세상에서 살아가는 사람들의 다양한 행동과 자취를 통해 인간의 욕구와 행동 원인/결과들을 분석하는 과정이다. 결국 그들이 하는 이야기를 읽어내는 것이다.

SW를 만든다는 것, SW 코딩을 한다는 것은 단순히 명령어들을 논리적 오류 없이 나열해 놓는 것이 아니다. 좀 더 가치 있는, 좀 더 재미있는 SW를 만들기 위해서는 자신의 생각을 좀 더 창의적으로 재미있게 생각하고 발전시키는 것이 더 중요하다.

우리가 SW를 교육해서 10만 SW 프로그래머를 만들었다고 해보자. 중국에서는 100만, 1000만 명의 SW 프로그래머가 양산될 것이다. 실제로 돌아가는 SW 코딩은 모두 영어로 되어있다. SW 작성에 필요한 명세서만 잘 써 있으면 코드는 한국 SW 프로그래머가 작성하든, 중국 SW 프로그래머가 작성하든 문제가 되지 않는다. 마이크로소프트는 SW 개발을 위해 24시간 코딩을 한다. 미국 프로그래머가 코드를 작성하고 퇴근하면, 인도 프로그래머가 인도에서 출근해 소스에 이어서 프로그램을 작성한다.

우리가 경쟁해야 할 것은 SW 코딩을 잘하느냐 보다 SW 코딩으로 만들어낼 SW 자체, 서비스 자체인 것이다. 좀 더 창의적이고 혁신적인 이야기를 누가 더 세련되게 풀어내느냐가 경쟁의 본질이다.

휴대전화들이 기능으로 경쟁하던 시대에 스티브 잡스는 휴대전화에 대한 감각적 접근으로 새로운 패러다임을 열었다. 단순히 디자인의 독특함을 넘어서 사용자들의 공유된 감성을 감각적으로 느낄 수 있도록 해야 한다. 결국 그런 것이 가능할 수 있도록 하기 위해서는 오감을 자극할 수 있는 멀티미디어적 요소뿐만 아니라, 이야기(스토리)를 통한 재미를 유발할 수 있는 감각적 구성력이 필요하다. 즉, 감각적 접근을 키우는 스토리(Story)의 힘에 주목해야 한다.

컴퓨팅 사고력은 컴퓨팅 과학의 이해, 인간에 대한 이해와 상상력, 디자인(설계) 능력과 생각의 진화를 바탕으로 하고 있다. 우리 아이들의 머릿속에 있는 상상의 공작소를 가동시켜 생각을 진화시키고, 상상력을 발전시키기 위한 좋은 방법을 나는 스토리(이야기)에서 찾아보았다. 소프트웨어에 기능으로서가 아닌 감성적, 감각적으로 접근할 수 있는 방법으로 스토리를 이용해보자.

스토리가 있는 SW 하면 단순히 게임 SW 개발을 위해 게임 시나리오로써 스토리를 구성하는 것이나 애니메이션 등 디지털 콘텐츠를 만들기 위한 줄거리 구성을 생각하기 쉽지만, 그 뿐만이 아니다. 우리가 자주 이용하는 인터넷 쇼핑 사이트만 하더라도 단순히 쇼핑을 위한 기능만을 제공하지 않는다. 고객에게 재미를 주는 요소들로 가득 차 있다. 고객을 좀 더 끌어들이기 위한 마일리지나 쿠폰 정책, 고객들이 유용한 정보를 공유할 수 있도록 구매후기를 남기거나 댓글을 달 수 있게 하는 등 다양한 시도들이 구현되고 있다. 이런 것들을 하나하나 이야기라는 차원으로 격상시켜 보자는 것이다.

기존의 게임이나 멀티미디어 등 디지털 콘텐츠를 만들 때 스토리의 구성을 사용하는 것을 '디지털 스토리텔링(Digital Storytelling)'이라고 한다면, 소프트웨어를 만들 때 이야기를 만들듯이 소프트웨어에 상상력을 부여해 만드는 것을 '스토리 기반 소프트웨어(Story Based Software Development)'라고 하자.

> ☞ **스토리 기반 소프트웨어(Story Based Software Development)**
> 소프트웨어를 만들 때 이야기를 만들듯이 소프트웨어에 상상력을 부여해 만드는 방법

스토리 기반 소프트웨어 개발은 크게 3가지로 구체화할 수 있다.

스토리 기반 디지털 콘텐츠 확장	· 구조를 빌려서 자신의 콘텐츠에 재미의 요소를 추가하고 진화, 발전시켜 나감
스토리 기반 사용자 요구 설계	· 가상 인물을 설정하고, 사용자의 상황을 실감나게 이야기로 재구성하여 느껴보고, 설계하기
스토리로 기반 코드 개발	· 코드를 작성하면서 각각의 객체들 사이에 일어나는 일을 상상하여 개발하기

[그림 16] 스토리 기반 소프트웨어 개발

스토리를 이용해서 생각을 진화시키는 방법을 이제 하나하나 구체적으로 살펴보자.

▶스토리 기반 디지털 콘텐츠 확장

어느 날 아들이 학교에서 SW 코딩을 배웠다며 자기가 방귀 프로그램을 만들었다고 자랑이다. "너는 맨날 방귀, 똥 뭐 이런 더러운 것만 좋아하더니 겨우 방귀 프로그램이냐!" 왠지 학교에서 SW 코딩을 가르치면 이런 녀석들 하나 둘씩 있을 것 같지 않은가? 이럴 때 뭐 이런 걸 짜왔나 타박주지 말고, 일단 게임을 같이 해보자.

> 엄마: 오호~ 이거 꽤 재미있겠네!
>
> 아들: 엄마, 이거 누르면 앞으로 가면서 방귀뀌는 거야. 재미있지!
>
> 엄마: 근데 아들, 방귀 뀌면서 어디로 가는 거야?
>
> 아들: 결승선으로 가지. 결승선? 아…… 화장실로 가야 하나?"
>
> 엄마: 그러면 결승점에 화장실 하나 그려 놓으면 좋겠다.

엄마: 그리고 왜들 이렇게 방귀를 많이 뀌는 거야?

아들: 글쎄…… 뭐 많이 먹었나? 아하! 피자를 두 판이나 먹었나 봐……

엄마: 아하, 피자를 너무 많이 먹어서 방귀를 이렇게 많이 뀌는구나!

　　근데…… 방귀만 뀌면서 앞으로 가니까 너무 심심한데?

아들: 음…… 그럼 여기에 장애물을 넣는 거야. 집안 물건들을 피해 가는

　　거지. 아싸!

이야기 구조로 보면,

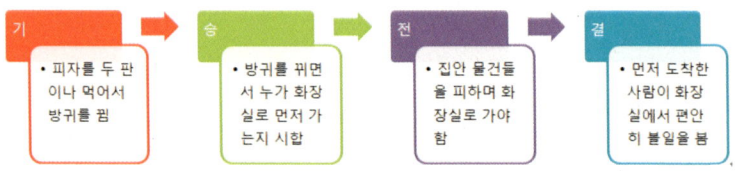

기	승	전	결
• 피자를 두 판이나 먹어서 방귀를 뀜	• 방귀를 뀌면서 누가 화장실로 먼저 가는지 시합	• 집안 물건들을 피하며 화장실로 가야 함	• 먼저 도착한 사람이 화장실에서 편안히 볼일을 봄

[그림 17] 이야기 구조

　아이가 만든 단순한 방귀 게임에 간단히 이야기를 입히는 것만으로도 이 게임을 하는 여러 가지 요소를 만들 수 있다.

당위성	왜 방귀를 뀌며 화장실로 가나
재미 요소	누가 더 빨리 가나
고난과 역경	집안 물건들을 피해 가야 함
카타르시스	볼 일을 봐서 편안함
교훈적 요소	과식을 하면 안됨

<표 17 이야기의 여러 요소>

단순히 기능이 되는 SW를 만든다는 것과 스토리를 넣은 SW를 만든다는 것이 이러한 차이를 낳는다. 아이의 머릿속 상상 공작소가 작동하도록 스토리의 형식을 빌려 이야기를 발전시켜 보는 것이다. 너무 격 떨어지는 예를 들었다고 욕하지는 마시길…… 나의 상상력도 그리 뛰어난 편은 아니라는 사실.

▶스토리 기반 사용자 요구 설계

다음은 인터넷 쇼핑몰에서 새로운 서비스를 기획할 때 사용하는 방법이다.

최근 들어 30대 여성의 거래 규모가 눈에 띄게 줄었다. 원인을 파악해 보라는 팀장님의 말씀에 고민만 하고 있는데, 고객 불편 사항으로 접수된 내용이 눈에 들어온다.

> · 상품 상세 페이지 이미지가 너무 많아 스크롤을 많이 내려야 해서 불편함.
> · 옵션 상품도 많고 옵션명도 너무 어려움. 아이 옷의 사이즈 정보를 확인 하기가 어려움.

단순히 고객의 불평불만이라고 '다른 데 가서 사겠지'라고 무시할 것인가?

서비스를 이용하는 사용자의 욕구를 파악하고, 매출 하락의 원인을 찾기 위해 실감나는 스토리를 상상해 보는 것이다. 사용자의 상황(Context, 맥락) 안으로 수영을 하듯이 점프해서 들어가는 것이

다. 가상의 인물(페르소나[12])을 설정해 보자. 그리고 그녀의 절박한
이야기를 들어보자.

◆ 영이 엄마(가상인물)

3살 영이를 키우고 있는 38살의 영이 엄마. 그녀는 어린 딸을 돌보느라 하루 24시간이 모자라다. 아이는 엄마가 컴퓨터 앞에 앉아 있을 수 있는 잠시의 틈도 주지 않는다. 4월 중순이 다 되어가도록 두꺼운 내복을 입어 땀을 삐질 삐질 흘리는 영이를 생각해서라도 오늘은 영이의 봄 내복을 사야 한다.

영이가 잠깐 잠든 사이, 컴퓨터를 켠 영이 엄마. 영이의 봄 내복을 고르려고 디자인이 괜찮은 상품 하나를 클릭해 들어갔다.

첫 번째 좌절······ 손톱만큼 작아지는 스크롤 바의 압박

컴퓨터 화면 가득 내복 이미지들이 펼쳐진다. 너무도 많은 이미지에 눈이 아플 지경이다. 그래도 내 아이에게 입힐 것이니 기왕이면 깜찍한 것으로 고르느라 하나하나 이미지를 보며 내려갔다.

그런데, 두 번째 좌절······ 상품 옵션은 왜 이리 많고 어려운지······

상품 종류, 색상, 사이즈······ 뭐 이리 고르라는 것도 많다. 알 수 없는 알파벳과 숫자의 조합으로 만들어진 옵션명을 메모지에 적어두고 고른다.

---

12) 페르소나(persona): 어떤 제품 혹은 서비스를 사용할 만한 목표 인구 집단 안에 있는 다양한 사용자 유형들을 대표하는 가상의 인물이다. 페르소나는 어떤 제품이나 혹은 서비스를 개발하기 위하여 시장과 환경 그리고 사용자들을 이해하기 위해 사용된다. 에자일(Agile)SW 개발 방법론에서 사용자 스토리 구성 시 사용.

세 번째 좌절…… 사이즈 정보는 어디에……

판매자 상품마다 사이즈 정보를 찾는데, 이건 도대체 어디에 있는지 모르겠다. 스크롤 바를 몇 번이나 오르락 내리락 하고 나서야 겨우 찾았다. 장바구니에 넣고 주문 페이지로 간신히 넘어갔다.

드디어 그녀는 딸의 봄 내복을 살 수 있을 것인가?

결정적 선택의 기로, 남들 다 받는 이 달의 쿠폰……

'주문하기' 버튼을 누르려던 그녀…… 아뿔싸! 그녀는 모든 회원에게 주는 이 달의 쿠폰을 다 모으지 못한 것을 알았다. 이대로 주문을 진행할 것인가? 아니면 오늘도 포기할 것인가? 선택의 기로에 서 있던 영이 엄마.

그 사이 1시간이나 지나고, 잠에서 깬 영이의 징징거리는 소리가 들리자 "나 안 사!". 결국 영이 엄마는 쇼핑을 포기하고 사이트를 나가버린다.

이야기의 구조로 살펴보자.

　기: 영이의 봄 내복을 사려고 쇼핑몰 사이트에 들어감

　승: 좌절 1. 상품 상세 이미지가 너무 많아 스크롤 바 압박

　　　좌절 2. 상품 옵션이 많고 복잡함

　　　좌절 3. 사이즈 정보 찾기가 어려움

　전: 이달의 쿠폰을 못 받았음. 주문을 할지 말지 기로에 섬

　결: 쇼핑을 시작한지 1시간 경과, 영이가 잠에서 깸. 결국 쇼핑 포기

결국 우리의 영이 엄마를 위기에서 구해낼 방법은 없는가? 영이 엄마를 쇼핑의 좌절에서 구할 쇼핑도우미가 등장한다. 해당 상품 페이지에 들어가면, 쇼핑도우미가 등장해서 이 상품에서 요즘 최고로 잘나가는 베스트 옵션을 알려준다. 잘 나가는 상품 위주로 옵션을 고르면, 이미지를 하나하나 보면서 골라야 하는 불편을 조금은 덜 수 있다. 어려운 옵션명에 괴롭힘을 당하지 않아도 된다. 그리고 해당 옷의 사이즈 정보를 바로 링크로 연결해 확인해 볼 수 있다.

쇼핑도우미

해당상품 베스트 옵션
- 상위 5개
해당 상품 사이즈 정보 확인 여기

소프트웨어를 디자인할 때 사용자 요구를 설계하는 유스케이스 다이어그램(UseCase Diagram)으로 표현할 수 있다.

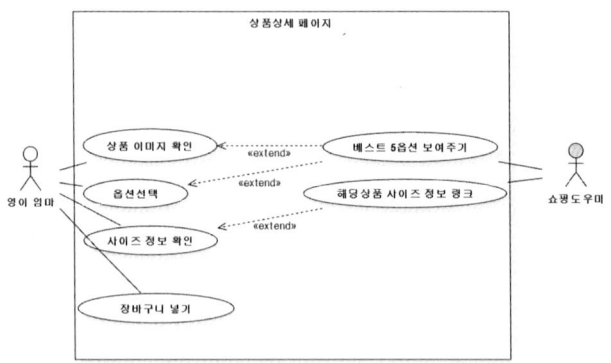

고객의 요구와 상황을 이야기로 재구성해 그들의 불편과 필요로 하는 기능들에 대해 공감하는 것이다. 감각적으로 인간의 욕구를 읽어내야 감각적인 구현들이 나올 수 있다. 이야기는 사용자의 상황(컨텍스트) 안으로 소프트웨어를 만드는 사람이 들어갈 수 있는 작은 문이 될 것이다.

▶ 스토리로 기반 코드 개발

요즘 소프트웨어를 개발할 때 객체 지향(Object Oriented)을 빼놓고 이야기 할 수 없다. 객체(Object), 한마디로 소프트웨어를 개발할 때 모든 것을 '객체'라는 것으로 인식한다는 것이다.

☞ **객체**(Object)

   클래스의 인스턴스(실제로 메모리상에 할당된 것)이다. 객체는 자신 고유의 속성(attribute)을 가지며 클래스에서 정의한 행위(behavior)를 수행 함. 객체와 객체 사이에 메시지(Message)로 의사소통을 함.

객체(Object)

그 녀석. 나름 개성 있는 녀석이다.(Attribute). 남들과 다른 이 녀석만의 특징이 있다. 뭔가 행동을 하는 녀석이다(Behavior). 빈둥빈둥 노는 녀석은 아니다. 밥값은 하는 녀석이다. 하…… 그 녀석이 성질 있어서 직접 말하지 말고 쪽지 메시지(Message)로 말해 달라네.

아 뭔가 어렵다. 객체를 어렵게 생각하지 말자. 발칙하게 한 번 해석해 보자.

객체 지향에서는 우리가 아는 모든 것들이 객체들이다. Window라는 객체, File이라는 객체, 폴더라는 객체.

여기 주문 시스템이 주문을 데이터베이스에 입력하기 위한 과정을 그 객체들이 하는 이야기로 상상해 보자.

주문시스템			데이터베이스
	이봐, 데이터베이스. 나 주문 좀 입력해줘.		
		이 사람아 자네가 누군 줄 알고 내가 입력해주나. 아이 디하고 패스워드 입력하고 나랑 일단 연결하세.	
	여기 아이디, 패스워드 있 네.	에라이(Error). 패스워드 틀렸자너.	
	아, 내가 또 깜빡 했네. 패스워드 여기.	옳지. 자, 연결(Connection)되 었네.	
	여기 주문 데이터 있네. 잘 입력해주게.	에라이(Error). 주문번호 4자리인데 왜 5자리야. 잘못 넣었어.	
	아이쿠. 미안허이. 내가 밀려서 넣었네. 여기 다시 넣지	그래, 잘 넣었구먼.	
	그래, 고마우이. 연결 끊 을게.	그래, 잘 가게.	

소프트웨어를 개발할 때 객체들끼리의 메시지를 이야기라고 상상해 보자. 실제 소프트웨어를 작성할 때 이런 객체들은 영어로 된 텍스트 코드이다. 하지만 이것이 0과 1의 기계어로 번역되어 컴퓨터 시스템의 메모리 상에서 나타날 때를 상상해 보라. 모든 객체는 메모리 상에서 실체화(Instance)된다. 메모리 상에서 디지털적으로 살아 움직인다는 말이다. 그것을 실감나게 객체 사이의 이야기라고 상상하며 코딩 해보자. 재미있지 않은가? 지금까지 이야기 즉 스토리를 가지고 소프트웨어를 만드는 방법들을 살펴보았다.

아이들이 자신의 머릿속으로 상상한 것을 이야기라는 구조를 통해서 하나씩 풀어내고, 진화 발전시키고, 감각적으로 그것들을 재구성해 풀어낼 수 있어야 한다. 이야기를 기반으로 소프트웨어를 개발해 보자. 왜? 재미있으니까. 이야기를 재미있게 즐기는 것만큼 소프트웨어도 재미있게 즐기면서 만들어 보자. 이야기를 통해 그 상황 속으로 몰입해서 인간의 욕구를 실감나게 느낄 수 있고, 그것을 재미있게 전개해 나가기 위해 이야기를 이용하는 것이다. 머릿속 상상 공작소에서 생각한 것을 이야기를 하듯 자연스럽게 풀어낼 수 있도록 가르쳐 보자.

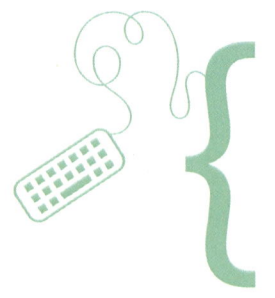

이야기를
가지고
놀자...

SW 코딩을 한다는 것은 '디지털 세상에 말 걸기'이다. 재미있는 이야기로 말을 걸어보자. 그리고 이야기를 이용해 SW 코딩을 재미있게, 창의력을 자극하며 가르칠 수 있다. 디지털 세상에서 살아가야 할 아이들에게 이제 겨우 말하는 법을 가르치는 것이다.

'토끼와 거북이'라는 아주 고전적인 이야기가 있다. 토끼와 거북이가 경주를 한다. 토끼가 빨리 가다 거북이가 안 보이자 중간에 있는 나무 아래서 낮잠을 자다가 결국 거북이가 경주에서 이긴다는 이미 잘 알려진 이야기이다.

이 이야기를 스크래치(Scratch)를 이용해서 프로그램으로 짜보자. 먼저 이야기 구조를 살펴보면, 고등학교 때 배웠던 이야기의 3요소를 배치하고 줄거리와 간단한 시나리오를 짜볼 수 있다.

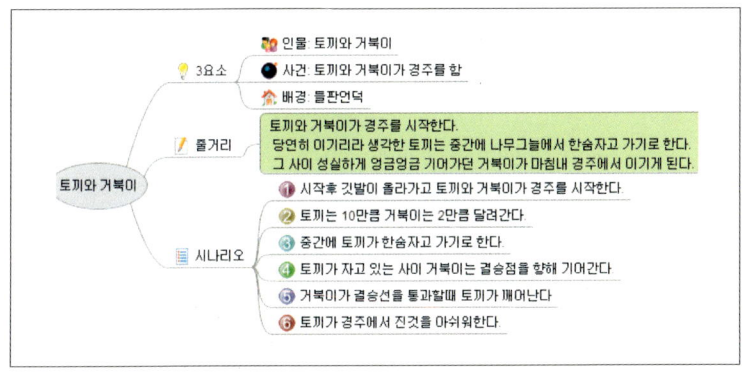

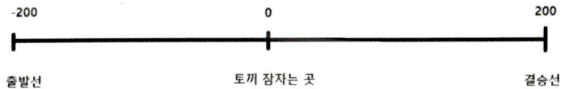

-200	0	200
출발선	토끼 잠자는 곳	결승선

　토끼와 거북이는 출발점 X좌표 -200에서 출발해서 X좌표 200까지 먼저 가면 이긴다. 중간 1/2지점의 X좌표가 0인 곳에서 토끼가 잠을 잔다. 그리고 거북이가 결승점을 통과하기 전에 일어나서 달려오지만 거북이가 먼저 도착해야 한다. 문제의 핵심은 토끼가 몇 초만큼 자도록 코딩을 하느냐이다.

　스크래치 소스로 이것을 구현하면 아래와 같다(여기서 자는 것은 "ZZZ" 하며 생각하는 것으로 표현했다).

이 문제를 아이들에게 내놓으면 대략 이렇게 접근한다.

1. 일단 1초부터 넣어본다(순차적 대입 접근).
2. 토끼가 잠을 자는 시간을 X로 놓고 일차방정식을 푼다(수리·논리적 접근).

거북이가 결승선까지 가는 시간은 6.6초, 토끼가 중간까지 가는 시간은 0.56초. 과연 우리의 토끼를 몇 초 동안 잠재우면 좋을까?

자, 문제의 답을 구했다면 Scratch 프로그램에 대입해 보고 맞았는지 틀렸는지 확인해 보라. 처음에 답을 틀렸다 해도 상관없다. 새로운 값을 구해서 다시 시도(Try Again)해 보면 된다. 아이들은 자기가 구한 답이 맞는지 문제집 뒤의 해답을 확인하지 않고 직접 프로그램을 돌려가며 확인할 것이다. 얼마나 실용적인가! Practice(연습)가 가능한 Practical(실행 가능한, 실용적인) 도구이다.

여기서 잠깐, 이야기가 바뀐다. 토끼가 중간 지점(1/2 지점)에서 잠을 자는 시나리오에서 2/3 지점에서 잠을 자는 시나리오로 바뀌었다 치자. 다시 1초부터 대입하여 풀 것인가? 아니면 X를 놓고 일차방정식으로 풀 것인가?

여기서 세 번째 풀이 방법이 있다.

3. 거북이가 결승점까지 가는 시간(6.6초)과 토끼가 결승점까지 가는 시간의 차이를 구한다. 이 시간이 토끼가 잠을 잘 수 있는 시간이 된다(창의적 접근).

실제 잠을 자는 거리가 1/2 지점이 되든 2/3 지점이 되든 상관 없다. 이야기를 가지고 스크래치(Scratch)를 이용해 프로그램을 짜는 것은 단순히 이야기의 시나리오를 빌려온다는 것에 그치지 않는다. 아이들이 이야기의 줄거리를 바꿔보고, 그것을 실제 화면으로 구성해서 친구들과 이야기의 재미를 온몸으로 느끼도록 하는 것이다.

예를 들어보자. Scratch 프로그램으로 '토끼와 거북이'를 구현한다고 할 때, 그냥 원래 줄거리 그대로 하는 것이 아니라 이야기를 비틀어 보는 것이다. 토끼와 거북이가 경주를 한다. 드디어 결승점에 도착한 거북이가 뒤를 돌아보며 하는 말…… "자, 내가 이겼으니 이제 용궁으로 가자!" '토끼와 거북이'의 거북이가 '별주부전'의 바로 그 거북이가 되는 순간이다. 이야기의 결말 부분에서 새로운 이야기와의 접촉을 통해 재미있는 반전을 구사하는 것이다.

또 다른 예를 들어보자. '신데렐라' 이야기가 있다. 나는 신데렐라와 간 밤에 춤을 추며 파티를 즐긴 왕자. 유리구두 한 짝을 들고 드디어 마을로 신데렐라를 찾아 나선다. 그런데 마을 아가씨들을 보니 아래와 같았다.

이름	발사이즈	유리구두 존재유무
일순이	240	
이순이	250	있음
삼순이	230	
사순이	250	
오순이	270	
육순이	230	있음
칠순이	260	
팔순이	240	
구순이	250	
십순이	230	
십일순이	250	있음
십이순이	270	
십삼순이	230	
십사순이	260	있음
십오순이	240	있음

<표 18 신데렐라 마을의 상황>

일순이부터 십오순이까지 15명의 발 사이즈도 제 각각이고, 이미 유리구두를 가지고 있는 사람들도 여럿 있다. 우연히 유리구두가 오픈 마켓 대박 상품이 되어서 많이 팔렸고, 동네 처자들 몇몇 역시 유리구두를 사둔 것이다. 이렇다고 할 때 동화 속 이야기처럼 한 집, 한 집 순차적으로 신데렐라를 찾아 나서는 것이 과연 효율적일까? 내가 이야기의 주인공 왕자가 되어 실제로 문제를 해결하는 상황에 놓이게 되고, 동화 속의 막연한 이야기가 아니라 실제로

해결해야 할 현실적인 문제로 재탄생하게 된다. 이 문제는 어떻게 데이터를 정렬시켜서 우리가 원하는 해답을 가장 빨리 찾을 수 있는가와 관계된 문제이다(정렬 알고리즘). 언젠가 우리 아이들이 빅데이터 속에서 자신의 유리구두를 찾아야 할 때가 있지 않겠는가.

이야기를 가지고 노는 방법에는 크게 3가지가 있다.

첫째, 단순 스토리 구성

기존에 알고 있던 스토리나 창작 스토리를 구성해서 프로그래밍을 해본다. 아이들이 그동안 읽어서 알고 있는 이야기를 Scratch라는 것을 통해 구현해도 좋고, 자기가 이야기를 창작해 Scratch 무대 위에서 스프라이트(배우)를 이용해 이야기를 풀어도 좋다.

둘째, 스토리 바꿔보기

스토리를 바꾸어서 이야기를 만들어 본다. 이미 아는 스토리의 결말을 바꾸어 보고, 인물의 성격을 바꾸어 보는 것이다. 서로 다른 이야기의 내용과 결합시켜 갈등을 고조시켜 본다. 이미 알고 있는 이야기를 살짝 바꾸고 비틀어서 그 안에서 재미와 감동의 요소를 만들고, 자기가 만든 이야기를 사람들이 즐거워하고 좋아하는 소중한 경험을 해볼 수 있다. 창의력은 그러한 자발성과 재미에서 발현되고 키워지는 것이다.

셋째, 주인공 문제 해결

스토리의 주인공이 맞닥뜨린 문제 상황을 재현해 내가 주인공이 되어 문제를 해결한다. 이야기의 주인공이 되어서 주인공의 위기를 내가 직접 해결해야 하는 문제로 만들어 그것을 해결해 본다. 이 부분에서 기존 교과의 다양한 개념과 연계해서 문제를 해결해 볼 수 있다.

소프트웨어 개발과 스토리의 만남. 우리가 스토리에 주목해야 하는 이유는 여러 가지이다.

첫째, 이미 가지고 있는 스토리가 많다.

우리는 이미 알고 있는 이야기가 많이 있다. 신화, 그림책, 유머, 동화 등 우리가 그간 들어왔던 모든 이야기가 재료가 될 수 있다. 새롭게 뭔가를 배워서 아는 것이 아닌, 우리가 이미 갖고 있는 것을 마음껏 이용할 수 있다.

둘째, 변화를 줄 수 있는 요소가 많다.

인물, 인물의 성격, 문제 상황의 재구성, 결말의 반전 등 이야기에 변화를 줄 수 있는 요소가 많다. 이미 정형화되어 있는 인물의 성격만 바꾸어도 전혀 다른 이야기가 탄생할 수 있다. 백설공주가 사실은 지독한 공주병 환자라서 일곱 난쟁이를 구박하며 살았다면 어떨까? "나랑 살다니 영광인 줄 알아 이것들아~!" 구박에 참다 못한 난쟁이 하나가 왕비에게 슬쩍 백설공주의 위치를 일러준다면? 그 다음이 궁금하다면 당신의 상상력을 따라가 보시라.

셋째, 이야기를 통해 인간적 감성에 접근할 수 있다.

슬픈 이야기, 기쁜 이야기, 외로운 이야기, 함께 공감하는 이야기…… 이야기를 통해 다양한 감정과 만날 수 있다. 다양한 감정을 요리해 볼 수도 있다. 뻔한 결론을 예상하는 청중들에게 생각지 못한 반전을 선사하는 짜릿함을 맛볼 수도 있다.

넷째, 궁극적으로 이야기는 삶에 대한 인간적 태도를 이야기한다.

상상력, 사고력, 사고의 깊이, 인생에 대한 관점이 풍부해질 수 있다. 다양한 사람들이 이야기를 통해 말하려고 하는 바를 알게 되고, 나아가 자기 자신이 이야기 하고 싶은 것이 무엇인가를 생각하게 된다.

같은 줄거리지만 서로 다른 결론, 서로 다른 재미와 감동을 주는 다양한 이야기를 생각하고 구현해 볼 수 있기를 바란다. 다른 사람과 비교해서 뛰어난 것이 아닌 그 아이 자체가 가진 생각이 재미있고 독특해서 인정받는, 다양성이 존중되는 분위기에서 창의력이 꽃피울 수 있다.

손으로 찰흙을 주무르듯이 머리 속의 상상을 마음껏 주무르고, 색종이를 조각조각 내어 모양을 만들었듯이 이야기를 나누고, 바꾸고 새로운 이야기가 솟아나게 놀아보자. 그리고 그것을 소프트웨어로 구현해 보자. 창의적인 소프트웨어 교육을 위해 SW 코딩 교육은 아이들의 좋은 놀이감이 되어야 한다.

SW는
'디지털 세상에
말 걸기'

SW 코딩은 '디지털 세상에 말 걸기'이다. 디지털 세상에 자신이 가치 있다고 생각하는 이야기를 SW로 말한 많은 사람들이 있다. 내 친구 빌의 이야기부터 들어보자.

"세상을 본다는 것은 창을 통해 무언가를 인식한다는 거야. TV를 봐. 사람들은 TV 모니터로 세상 돌아가는 걸 보잖아. 그 창을 완벽하게 만들 강력한 디지털 체제를 만드는 거야."
- Microsoft의 Windows 운영 체제, 빌 게이츠

"블로그 긴 글 쓰기 귀찮아. 난 좀 더 빨리빨리 나의 순간을 표현하고 싶어. 140자면 충분하지 않겠어? "
- 트위터, 잭 도시

"강력한 체제라는 것이 한 사람의 절대적 개발 주체를 의미하는 것은 아니라고 봐. 보는 눈이 많으면, 어떤 버그도 금세 고칠 수 있어. 그렇게 혼자서 모든 걸 감당하려 하지 말라고. 우매한 대중이 아니라 혁신을 꿈꾸는 혁명가라고, 이 사람아"

– 리눅스 운영체제·오픈 소프트웨어, 리누스 토발즈

"디지털, 그거 간단한 거야. 버튼 하나면 돼. 네가 하고 싶은 거, 그것만 집중해. 너랑 똑같은 걸 원하는 사람, 분명히 있어. 내가 장담할게."

– 아이폰·아이패드·애플 앱스토어,
스티브 잡스

그들의 이야기는 디지털에 대한 그들의 관점(Perspective)이고 철학이다. 나아가 우리의 아이들 중에서도 '백성이, 민중이 근본이다'라는 정도전의 '민본사상(民本)'을 구현하거나, '현실 세계의 내가 나인지, 디지털 세상의 내가 나인지' 장자의 '호접지몽胡蝶之夢'을 SW로 풀어낼 멋진 이들이 나오지 않겠는가?

아이가 좀 더 멋진 SW를 만들고 싶어한다면 재미있는 책에 빠져들게 하라. 이야기를 가지고 놀게 하라. 스토리를 통해 사물의 본질을 볼 수 있는 통찰력, 인간 감정의 미묘함을 감지하는 감성, 생각지 못한 반전에서 오는 기막힌 재미. 이런 것을 디지털 세상에서 SW 코딩 할 날을 위해서이다.

기술발전의 시작은 '아이디어'와 '스토리'

"시대에 주목 받는 모든 발명과 기술의 이면에는 탄탄한 스토리가 있습니다. 위대한 화가 모네가 남긴 그림 중 걸작으로 꼽히는 건 그가 백내장으로 고통 받고 있을 때 고뇌와 번민을 담아 그린 작품들입니다. 기술 역시 마찬가지입니다. 오늘날 우리가 누리고 있는 뛰어난 디지털 기술들이 어떻게 발전해왔는지 그 스토리 이면을 찬찬히 짚어가 보십시오."

- 마이클 홀리(Michael Hawley) 전前 MIT 미디어랩 교수

선생님,
SW 코딩해요

　제대로 된 SW 교육을 위해 중요하게 생각해야 할 것이 교사 양성의 문제이다. 미국이나 영국에서도 Code.org나 코드 아카데미, 코드클럽 등을 중심으로, 교사 양성을 위해 직접 연수를 하거나 교수 방법들을 제안하는 등 다양한 지원을 펼치고 있다. 우리 나라의 미래창조과학부와 교육부에서도 교사 양성의 중요성을 인식하고 'SW직무연수'를 통해 다양하게 교사들을 양성하고 있다. 민간 차원에서도 네이버의 '소프트웨어야 놀자'를 통해 교육을 받을 수 있다. 안랩(www.ahnlap.com)도 맘이랜서와 함께 소프트웨어 교육 강사를 양성하는 과정을 운영하고 있다.

　'SW 교육의 주체를 누가 맡아야 하는가' 하는 문제는 아직도 많은 논란 중 하나이다. 초등학교의 경우 담임교사가, 중·고등학교의 경우 정보 컴퓨터 관련 교직 전문가가 SW 수업을 맡는 방안을 생각할 수 있다. 또한 기존 SW 경험이 있는 사람들을 교육시켜 수업을 맡기는 방법들도 생각할 수 있다.

방법은 여러 가지이다. 그러나 여기서 내가 어느 방법이 좋다 말할 수는 없다. 그러므로 내가 말할 수 있는 것만 말하고자 한다.

SW 교육을 할 때 이것만은 지키자.

첫째, SW 교육자 이전에 교육자가 되자.

SW라는 재미있고 생경한 교육의 도구를 가르치는데 있어, 선행 조건은 교육자이다. 교원 자격증의 유무가 아니라 아이들을 교육한다는 개념을 인지해야 한다는 의미이다. 아이들은 저마다의 특징이 있고, 발달 과정에 따른 이해도의 차이가 있다. 지식의 전달 방식에도 아이들의 특성을 고려해 눈 높이에 맞게 교육하는 교육자로서의 자질을 먼저 생각해야 한다.

민간에서 교육하는 여러 과정들도 좋다. 하지만 Scratch 명령어의 쓰임 하나를 먼저 알기 전에, 교육학 수업 정도는 아닐지라도 아이들에 대한 교육이 어떤 의미인지 인식시키는 것이 먼저라 생각한다. 그렇다고 '피아제의 인지발달 단계'를 달달달 암기시키지는 않기를 바란다.

둘째, SW 만드는 재미를 느끼게 하자.

아이들에게 SW를 만들며 재미를 느끼게 하기 위해서는 먼저 교사가 SW 만드는 재미를 느껴야 한다. 웃음의 가치, 유머의 가치를 전하는 한국 유머 전략 연구소의 최규상 소장은 이런 말을 했다. "유머는 전염이고, 물듦이다." 유머를 통해 웃음이 전염되고, 유머를 잘 하는 사람이 옆에 있으면 같이 있는 사람들도 물들어 유머를 즐기고 잘하게 된다고 했다. 유머 잘하는 아이를 만들려면, 엄마가 유머를 즐기면 된다. 그러면 아이도 자연스럽게 유머를 따라 즐기게 된다.

나는 이것을 SW를 만드는 재미에 적용해 보고 싶다. SW를 재미있게 만들어 본 선생님이 아이들에게 재미있는 SW 만들기를 온몸으로 이야기할 수 있다. 밤늦게까지 디버깅을 하며 원하는 대로 동작할 때까지 고민해 본 선생님이 아이가 디버깅을 하며 끙끙댈 때, 그 답답한 마음을 다독이며 "다른 방법도 있을 거야"라며 용기를 줄 수 있다. SW를 만드는 재미, 내가 생각한 것을 실제로 동작하는 코드로 구현해 보는 재미. 그것을 선생님들도 느끼게 하고 싶다. 아니 느껴야 한다.

제발 선생님들이 스크래치(Scratch)를 눈으로만 배우지 않았으면 한다. 머리로 스토리를 생각하고, 가슴으로 마지막 반전을 기대하며, 손에 땀을 쥐고, 발을 동동 굴러 디버깅하면서 온몸으로 배우시길 바란다. 그리고 교실에서 자기가 작성한 코드가 원하는 방식으로 동작했을 때, "아하! 유레카!" 하며 외치는 아이들의 돌 깨지는 소리를 가슴 벅차게 즐기시길 바란다.

우리가 키우고자 하는 SW 인재는 코딩을 잘하는 사람이 아니라 자신의 생각과 상상력을 SW로 구현할 수 있는 사람이다. 자신이 원하는 바를 알고, 이것의 가치를 다른 사람과 공유해서 협력을 이끌어 내고, 더 나은 가치를 만들어 내는 사람이다. 그 최전선에 우리의 선생님들이 있다는 것을 잊지 말아야 한다.

6.
부모로서
SW 교육을
바라보는 마음

성공중심(Success)
VS
관점중심(Perspective)

부모들은 모두 자식의 행복을 바란다. 자식들이 좋아하는 일을 찾아 꿈을 이루며, 창의적인 생각을 바탕으로 다양한 가치를 만들어 내고, 삶의 진정한 의미를 느끼며 살기 바란다. 부모의 바람만큼 우리 아이들은 행복할까?

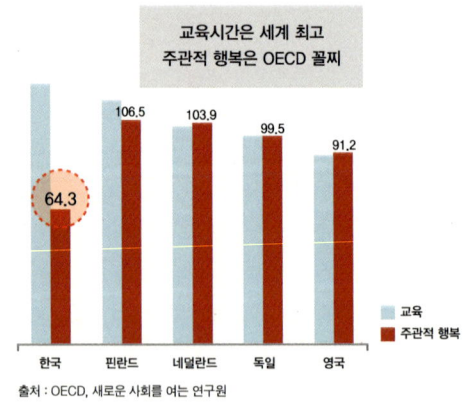

[그림 18] 어린이-청소년 행복지수

'어린이-청소년 행복지수'라는 것이 있다. 18세 이하의 어린이-청소년이 어느 정도 행복한지 나타내는 지표이다.

교육 영역은 한국이 세계 최고 수준에 있다. 학업성취, 교육참여, 고용으로의 지수가 모두 OECD 평균(100)보다 높은 123.4로 1위이다. 그러나 주관적 행복 영역은 세계 최하위이다. 우리 아이들의 주관적 행복은 64.3점으로 꼴찌이다. 대다수 선진국에서는 교육과 주관적 행복 수준이 다르지 않은 데 비해 우리나라는 특이한 경우라 할 수 있다. 교육 시간은 가장 긴데, 행복하지 않다.

우리 아이들이 행복하지 않다면 무엇이 문제일까?

아이가 학교에서 방금 돌아왔다. 유태인 엄마는 묻는다. "오늘 선생님에게 무슨 질문을 했니?" 한국인 엄마는 묻는다. "오늘 시험 본 거 몇 점 받았니?" 유태인 엄마는 아이가 다른 학생들과 구별되는 창조성을 나타내는 자기표현을 제대로 했는지 확인하는 질문을 하고, 한국인 엄마는 아이가 시험을 통한 경쟁에서 우월한 성적을 받았는지 확인하는 질문을 했다. 유태인 엄마는 시험 성적의 우열보다는 비판적인 사고를 통한 자아성장에 관심이 있다. 반면 한국인 엄마는 자기개발보다는 주입적인 지식을 평가하는 시험에서 좋은 성적을 받아 다른 학생들보다 앞서기를 원한다.[17]

그래서 엄마가 문제인가? 아니다. 지나친 성적 위주, 성공만 하면 된다는 성공(Success) 중심의 생각이 문제이다. 우리는 살아가면서 많은 과정, 시도들을 거친다. 초·중·고 교육과정을 거치거나 입학시험을 치르는 것, 새로운 무언가에 도전하는 것들도 과정(Process)이다. 대학 입학시험이 우리 아이들이 느끼는 가장 큰 과정일 수도 있다. 우리는 그 과정에 임하면서 너무 성공(Success)만을 목표로 하고 의미를 두지 않나 생각해 볼 문제이다. 결과가 성공과 실패만 있는가?

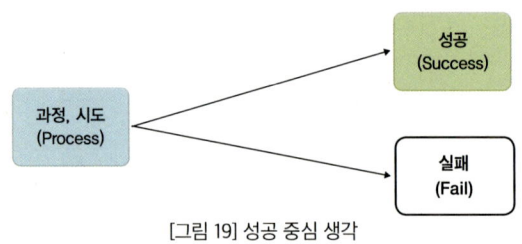

[그림 19] 성공 중심 생각

과정(Process)의 목표를 성공(Success) 중심이 아닌 관점(Perspective) 중심으로 바라보자.

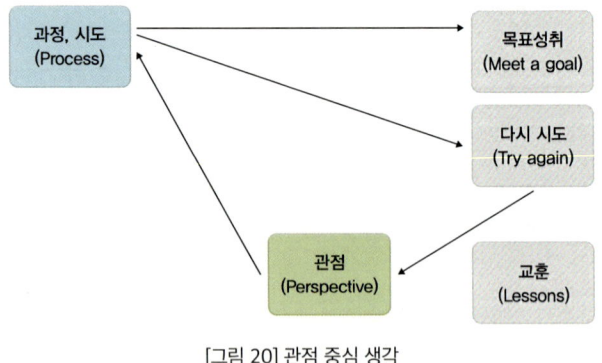

[그림 20] 관점 중심 생각

우리는 과정 수행의 목적을 목표를 성취하는 것보다 과정을 통해 관점(Perspective)을 만들어가는 것에 두어야 한다. 관점은 목표를 성취(Meet a goal)했을 때도 물론 얻을 수 있겠지만, 대부분 목표를 성취하지 못하고 다시 시도(Try again)할 때 얻을 수 있다. 사실 실패(Fail)는 영원한 실패가 아니라 다시 시도(Try again)하라는 의미이다. 다시 시도하는 과정에서 문제점을 파악하고 거기서 교훈(Lesson)을 찾아야 한다. 그 교훈을 바탕으로 자신만의 관점(Perspective)을 키워나가는 것을 목표로 해야 한다.

전구를 발명한 토머스 에디슨(Thomas Alva Edison)
"2,000번을 실패하셨는데 어떻게 그것을 극복하셨습니까?" 기자가 물었다.
에디슨은 "실패라니요? 저는 단지 2,000번의 과정(Process)을 거쳐서 전구를 발명했을 뿐입니다."라고 답했다.

에디슨이 거친 2,000번의 과정(Process). 그는 다시 시도(Try again)하는 과정에서 문제 해결을 위한 관점(Perspective)을 얻었고, 결국 그것이 전구의 발명을 가능하게 했다.

SW를 코딩 할 때 오류나 버그를 만나게 된다. 그런데 그 오류에 대해서 SW 프로그래머들은 좌절에 빠지거나 실패라고 생각하지 않는다. 그저 다시 시도(Try again)하면 되는 것이다. 이 값이 아니면 다른 값을 넣어 보면 되고, 이 방법이 안되면 방법을 바꿔 보면 되는 것이다.

내가 원하는 것을 만들어 가는데 단 한 번의 오류도 없이 만드는 SW는 이 세상에 없다. 오류가 나고 디버깅을 하는 모든 과정이 SW를 만드는 과정인 것이다. 우리의 인생이 그러하듯이. 우리 아이들이 소프트웨어를 만든다고 할 때, 에러(error)가 실패와 포기를 의미하지 않는다는 이 철학을 꼭 알아두었으면 한다.

빅데이터의 넘쳐나는 정보들 속에서 의미를 읽어내고, 문제의 본질을 알아내는 능력. 그것은 관점(Perspective)이 있어야 가능하다. 미술관에 가보면 수많은 명화들이 있다. 헌데 제법 유명한 그림이라고 하는데도 나는 잘 모르는 경우가 많다. 그때 큐레이터가 필요하다. 큐레이터가 이 그림이 왜 유명한지, 어떤 의미가 있는지, 당시 화가 시점이 어땠는지, 그림에 얽힌 일화 등을 곁들여 이야기해 주면 그 그림을 다시 보게 되고 비로소 이해가 된다.

디지털 정보들도 마찬가지이다. 앞으로 이런 관점을 갖고 설명할 수 있는 큐레이션이 중요한 능력이 될 것이다. 우리 아이들이 단순한 정보의 집합이 아닌, 그 안에서 본질적 가치와 정보의 맥락을 찾을 수 있는 관점(Perspective)를 키우는 것이 우리 교육의 목표가 되어야 한다. 대학의 입학사정관 제도에서도 학생들이 과정과 재시도를 통해 어떤 관점들을 쌓아왔는지 보게 될 것이다. 전문가적

안목, 인사이트(insight)는 바로 이렇게 쌓인 관점(Perspective)들이 모여 이루어진다.

"우리는 훈육보다는 발견 과정에 중점을 두는 새로운 교육의 시대에 들어섰다.
아이들에게 내용을 제공할 수 있는 수단이 다양해지면, 통찰력이나 패턴 인식의 필요성 역시 높아진다."
　　　　　　　　　 - 미디어 이론가 문화비평가 마셜 맥클루언(Marshall Mcluhan)

창의력이란 남과 다른 관점(Perspective)에서 문제를 바라보는 것으로부터 시작한다. 아이들마다 경험하는 것이 다르고 느끼는 것이 다르면, 저마다 바라보는 관점이 다르고 그들의 머릿속에서 나오는 상상력의 산물도 다른 것이다.

다양성의 경제적 가치, 롱테일 법칙
(Law of Long Tail)

오프라인 대형 서점이 하나 있다. 그 서점에서 판매되는 20%의 책이 매출의 80%를 차지했다. 그래서 사람들은 잘 팔리는 책 위주로 마케팅 전략을 짜고 전시했다. 이러한 모습은 오늘날 백화점의 VIP 고객 관리를 봐도 알 수 있다. 20%의 VIP들이 매출의 80%를 차지하니 백화점은 VIP 위주의 판매전략들을 주로 고민하는 것이다. 20이 80을 지배한다. 선택과 집중이 중요하다. 바로 '파레토 법칙(Pareto's Law)'이다.

그런데 디지털 세상에서 놀라운 일들이 펼쳐졌다. 아마존닷컴에서 80%의 소외되었던 구매자들의 매출이 핵심 구매자(best buyer) 20%의 매출액을 넘어서기 시작한 것이다. 80%의 '사소한 다수'가 20%의 '핵심 소수'보다 뛰어난 가치를 창출한다는 이론, '롱테일 법칙(Law of Long Tail)'이다. 디지털 시대를 이해하는 키워드인 '다양성(Diversity)'. 다양한 상품, 다양한 고객들. 그들이 경제적 가치를 증명하기 시작했다.

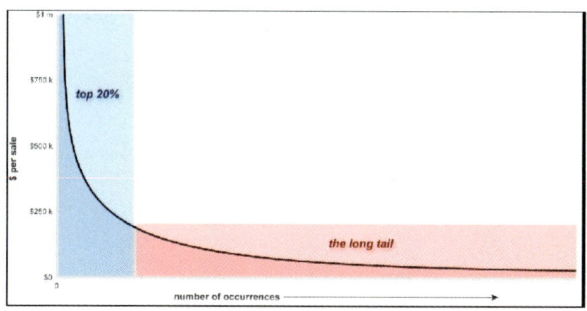

디지털 세상, 온라인에서는 전통적인 서점이나 가게들보다 물건을 전시하고 파는 것이 훨씬 단순하다. 다양한 물건들을 파는 사람들이 쉽게 모일 수 있고, 다양한 물건들을 원하는 사람들이 쉽게 물건을 찾아 볼 수 있다. 지금 당장 인터넷으로 오픈 마켓에 검색을 해보라. 집 주위 오프라인 매장에서 찾을 수 없는 물건도 오픈 마켓에는 올라와 있다.

다양성은 창의성의 모태이다
(Why Diversity is the Mother of Creativity).

창의적인 생각의 가장 중요한 요소 중 하나가 바로 다양성이다. 다양성이 풍부한 곳에서 일하는 사람들이 비슷한 교육수준과 배

경을 가진 다른 사람들보다 더 창의적인 결과를 만들어 낸다. 창
의력은 두 개 이상의 정보를 가지고 새롭고 유용한 아이디어를
만들어 내는 정신적 과정이다. 다양한 정보들은 새로운 아이디어
와 직관을 이끌어 낸다.

<출처: Innovation Management >

다양한 생각과 다양한 문화가 만났을 때 창의력이 길러질 수 있
다. 획일적 사고와 경직된 문화에서 창의력은 싹틀 수 없다.

창조를 위해 다양성의 문화가 얼마나 중요한지 서울대 김청택 교
수는 말하고 있다.

<출처: 디큐브 아카데미 웹페이지>

사회적 다양성이 낮으면 그 사회의 '창조적 효율'이 떨어진다. 각 개인이 똑똑해 많은 아이디어를 쏟아낸다 해도 비슷비슷한 아이디어만 나올 수 있다. 아이디어의 양은 적더라도 전혀 다른 아이디어들이 나와줘야 사회 전체적 아이디어의 크기도 늘어난다. 사회적 다양성을 높이는 것이 개인과 집단의 창조성을 높이는 것보다 상대적으로 더 쉽고 효율적일 수 있다. …(중략)…

이제 남은 문제는 다양성을 높이고 이를 통해 경직된 문화를 풀어주는 것이다. 기술이 아니라 문화의 혁신에 좀 더 '창조 경제'의 초점을 맞춰야 한다는 얘기다.

〈출처: 조선닷컴 서울대 심리학과 김청택 교수 칼럼〉

우리의 교육 현실을 돌아보자.

OECD는 우리나라 대학 입시와 관련해 "치열한 입시 때문에 스트레스가 높아지고 창의력·독창력이 희생되고 있다"고 말했다.

<출처: 2011년 OECD 사회정책보고서>

"한국에서 가장 이해하기 힘든 것은 교육이 정반대로 가고 있다는 것이다. 한국 학생들은 하루 10시간 이상을 학교와 학원에서 자신들이 살아갈 미래에 필요하지 않은 지식을 배우기 위해, 그리고 존재하지도 않는 직업을 위해 아까운 시간을 허비하고 있다. 아침 일찍 시작해 밤늦게 끝나는 지금 한국의 교육 제도는 산업화 시대의 인력을 만들어내기 위한 것이다."

"한국 경제가 새로운 성장 동력을 찾기 위해서는 미래 세대를 가르치는 방법을 바꿔나가야 한다. 한국은 변화의 속도, 변화의 내용, 미래에 적극 발맞추려고 노력한다는 점에서 매우 매력적이며, 앞으로 개성을 소중히 여기는 것이 가장 중요한 만큼 다양성을 두려워해서도 안 된다"고 조언했다. 특히 한국이 세계를 이끌려면 상상력과 창의력을 키워야 한다면서 "상자 밖에서 생각하라"고 말했다.

엘빈 토플러(Alvin Toffler)

디지털로 무언가를 만들고 자신을 드러내는 것을 주저하지 말아라. 아이들의 다양성을 받아주기에 디지털 세상은 충분히 다채롭다.

여유와 놀이,
호모 루덴스를
위하여

《프리》, 《롱테일경제학》 등의 저서로 유명한 혁신전도사 크리스 앤더슨(Chris Anderson)이 2014년 국내 한 포럼에서 이런 질문을 받았다.

"창의적 혁신이 중요하다 하셨는데, 세계적으로 유명한 글로벌 혁신 커뮤니티에서 한국 사람들의 참여가 저조한 이유가 뭘까요?"

난감한 표정을 짓던 그는 이렇게 답했다.

"그 이유는 나도 잘 모르겠다. 예전에 한국에 왔을 때 누군가에게 물어본 일이 있다. 그랬더니 '한국 사람들은 일하느라 매우 바쁘다. 보통은 늦게까지 일하느라 시간도 없고 지쳐서 취미생활을 즐길 여유도 없다'는 대답을 들었다. 아마도 그게 이유인지도 모르겠다."

언어적 장벽도 무시할 수 없다. 하지만 비슷한 영어 실력의 일본인들은 커뮤니티에 활발하게 참여하며 기여하고 있다. 우리는 너무 바빠 무엇이 가치 있는지 생각할 여유가 없는 것이다. [18]

> 우리의 영혼이 여기까지 따라오지 못했으니 영혼이 따라올 시간을 주어야 한다.
>
> 인디언의 속담

구글에는 20%의 룰이 있다. '총 업무 시간 중 20%는 업무와 전혀 상관없는 개인적인 일에 투자하라'. 직원들 모두에게 20%의 여유 시간을 준 것이다. '어떻게 하면 IT기업으로서, 회사에서 정해 놓은 업무 범위와 한계를 뛰어 넘는 좋은 아이디어를 모으고 개발할 수 있을까?'라는 고민에서 시작한 제도이다.

특히, 창의적 아이디어가 필요한 SW 프로그래머들은 이 20%의 룰에 의무적으로 참여해야 한다. 매일 하루 근무 시간 중 1시간 30분씩, 주어진 업무 이외에 자신이 평소 문제점이라고 느꼈거나 좋은 아이디어라고 생각했던 일에 대해 투자해야 한다. 하루하루 시간을 내기 어려우면 모아서 일주일의 하루, 한 달에 4일을 이 프로젝트에 사용할 수 있다. 실질적으로 이 20%의 룰은 모든 직원에게 사업가적 기질을 갖게 했고, 자신이 원하는 뉴스를 자동으로 긁어오는 구글 뉴스나 대용량 Gmail 서비스의 탄생을 이끌었다.

우리 아이들의 시간을 들여다 보자.

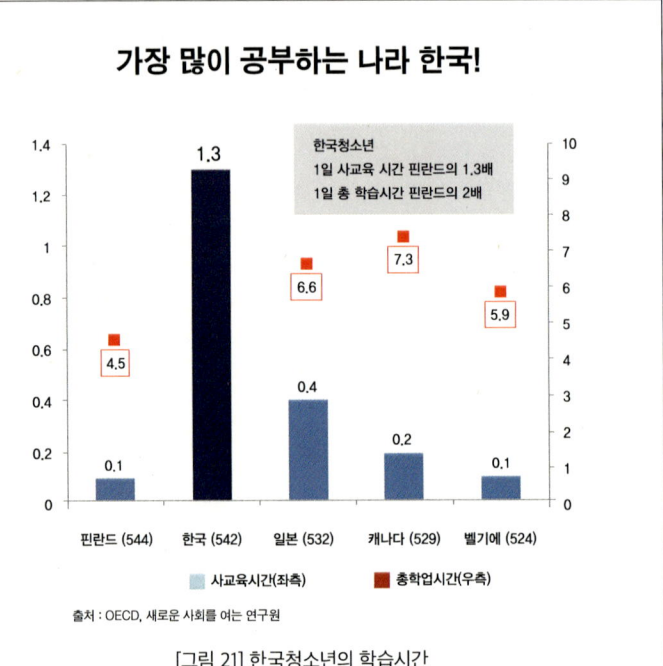

가장 많이 공부하는 나라 한국!

한국청소년
1일 사교육 시간 핀란드의 1.3배
1일 총 학습시간 핀란드의 2배

4.5 / 0.1 — 핀란드 (544)
1.3 — 한국 (542)
6.6 / 0.4 — 일본 (532)
7.3 / 0.2 — 캐나다 (529)
5.9 / 0.1 — 벨기에 (524)

■ 사교육시간(좌측)   ■ 총학업시간(우측)

출처 : OECD, 새로운 사회를 여는 연구원

[그림 21] 한국청소년의 학습시간

PISA에서의 수학성적이 한국과 비슷한 나라끼리 1일 학습시간을 비교해 보았다. 한국 청소년이 8.9시간으로 비교 국가들 중 가장 길었다. 1일 사교육 시간도 1.3시간으로 핀란드의 13배를 기록했다. 결국 같은 학업성취도를 낸다 해도 다른 국가에 비해 한국 청소년의 총 학습시간, 사교육 시간은 길었다. 즉, 많은 시간을 투자한 것에 비해 성취도는 높지 않다는 결론이다.

SW 교육을 한다고 할 때 내가 걱정했던 부분이 있다. 아이가 재미를 느끼고, 어떤 문제의 해결을 위해 몰입을 하기 위해서는 여유가 필요하다. 머릿속에 학원 숙제와 시험 걱정으로 가득 차 있으면 지금 제대로 동작하지 않는 프로그램이 짜증스럽기만 할 것이다. 뭔가 문제를 해결하기 위해 다른 시도를 하고, 다른 생각을 가진 친구의 의견을 경청하며 새로운 시도들을 만들어갈 마음의 여유, 시간의 여유가 필요하다. 무언가 몰입해서 만들어본 기억, 시간 가는 줄 모르게 자기 손으로 무언가를 조몰락거리던 추억, 친구와 함께 만들었던 최초의 게임프로그램. 우리가 정말 주어야 할 것은 이런 기억들이 아닌가 싶다.

"한국의 공과대학 교육 현실이 수적인 계산과 공식에 함몰돼 유연성이 떨어진다는 지적을 들어본 적이 있다. 기술발전을 이끌어낼 수 있는 창의력 기반의 진짜 교육을 '놀이'에서 찾아보라. 엉뚱하더라도 일단 아이디어를 내놓으면 그것을 소재 삼아 게임을 하고 대화를 나누다 보면 이 과정 자체가 하나의 아이디어를 키우고 발전시키는 길이 될 수 있다."

- 마이클 홀리(Michael Hawley) 전前 MIT 미디어랩 교수

창의력 기반의 진짜 교육을 위한 가능성을 '놀이'에서 찾으라는 말은 시사하는 바가 크다. 놀이는 가볍다. 선택을 하고 표현을 하는데 굳이 그렇게 고민을 하거나 무거운 책임을 질 필요는 없다. 그

렇기에 다양한 시도와 도전을 해 볼 수 있다.

소프트웨어를 만드는 과정도 놀이처럼 가볍게 접근할 수 있다. 디지털 세상에서 무언가를 만든다고 할 때 처음에 자신의 생각을 간단히 마인드맵으로 정리하고, 그것의 핵심 기능들을 정의한다. 그리고 자신에게 익숙한 프로그래밍 언어로 시제품(프로토[13] 타입)을 만들어 볼 수 있다. 처음부터 동시 접속자 몇만 명을 염두하고 만드는 것이 아니라, '대략 이런 콘셉트로 이런 기능들을 구현한다'라는 생각으로 만들어 볼 수 있다. 실제로 만들다 보면 다른 더 좋은 생각들이 떠오르고, 이를 더해 처음 생각을 더 진화시키고 발전시켜 갈 수 있다.

어릴 적 내가 좋아했던 놀이는 책 읽기와 인형놀이였다. 초등학교 6학년까지도 나는 인형놀이를 좋아했다. 가을 운동회 때 엄마가 사준 1,500원짜리 마루 인형에게 라면 박스로 집을 만들어 주고, 과자상자로 침대와 책상도 만들고, 헝겊으로 인형 옷을 하나하나 만들었다. 무언가를 손으로 직접 만든다는 것도 재미있었지만, 인형들을 가지고 종알종알 이야기를 만드는 것이 더 재미있었다. 한복을 입혀 TV 사극의 한 장면을 연출해 보기도 하고, 동화책의 갈등 상황에 인형들끼리 치고 박고 싸우는 일도 많았다. 책 읽기

---

13) 프로토 타입(proto type): 정보시스템의 미완성 버전 또는 중요한 기능들이 포함되어 있는 시스템의 초기모델. 시제품.

가 내 머릿속에 타인의 경험과 지식을 넣는 과정이었다고 한다면, 인형놀이는 온전히 나의 머릿속에 있는 것을 밖으로 꺼내어 놓는 과정이었다. 머리 속에 어려운 수학과 영어를 집어 넣기만 하는 우리 아이들에게 놀이하듯 그렇게 자신의 생각을 꺼내 놓을 수 있도록 SW 코딩을 활용해야 한다.

☞ **호모 루덴스**(Homo Ludens)
  놀이하는 인간. 유희하는 인간

- 요한 하위징아(Johan Huizinga)

'놀이'는 인간이 가진 고유한 특성이며 문명을 창조하는 원동력이라 말하고 있다. 놀이를 통해 인간의 의식과 정치, 경제, 문화, 전쟁에 이르기까지 인간 문명, 문화를 만들어 낸다고 주장한다.

21세가 요구하는 인간형이 바로 호모 루덴스이다. 놀이하는 것처럼 일도 하고, 일도 놀이처럼 즐기며 창의적으로 하는 인간. SW 교육이 디지털 네이티브에게 자신의 상상을 마음껏 모형화하고, 테스트하고, 확장해 볼 수 있는 그저 재미있는 놀이감으로 다가갔으면 하는 바람이다. 5살짜리 아이에게 레고 블록을 손에 쥐어줬듯이, 이제는 디지털 레고 블록을 주어야 할 때이다. 우리의 아이들이 호모 루덴스가 되어 놀이하듯 생각하고, 놀이하듯 그렇게 새로운 문화를 창조해 나가기를 바란다.

하루 한 시간
코딩(Hour of Code)과
Maker운동

버락 오바마 대통령이 "Hour of Code 하루에 한 시간씩 코딩을 하라"고 강조한다. 이제 막 컴퓨터 앞에 앉을 수 있게 된 4살짜리에서부터 호호 할아버지가 된 100세 노인까지, 남자든 여자든, 시골에 살든 도시에 살든, 운동선수든 변호사든 상관 없이 디지털 콘텐츠를 소비하는데 그치지 말고 직접 만들어 보라고 말한다. 이것은 실로 문화 운동이라 불릴 만 하다. 전세계 180여 개국에서 현재 9천 7백만 사람들이 접속해 Hour of Code를 경험했다. 로그인이나 회원가입도 필요 없다. 그저 접속해서 앵그리버드가 초록 돼지를 잡거나 겨울왕국의 엘사가 얼음 위를 걷는 것을 프로그래밍 해볼 수 있다.

이것을 모두 했다고 당장 웹사이트를 척척 만들어 내거나 내가 원하는 앱을 만들어 앱 스토어에 올려 돈을 벌 수 있다는 생각은 하지 않길 바란다. 달걀 하나를 놓고 양계장을 꿈꾸는 어리석은 일이다. 그러나 달걀 하나를 품는 정성스런 마음으로 한 단계 한 단계 진행하면, SW 코딩이라는 것이 무엇인지, 컴퓨팅 사고력(Computational Thinking)이라는 것이 무엇인지 느끼고 경험할 수 있

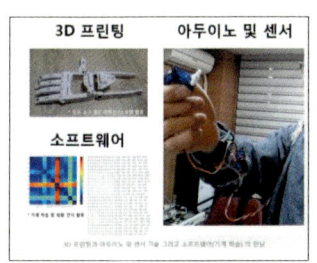

출처: 블로터뉴스

다. 이제 우리는 생각을 하나씩 펼쳐 놓는 연습을 시작해야 한다.

상상이 현실이 되는 세상. 생각한 것을 제품으로 구현할 수 있는 세상. 아직 멀었을까?

출처: 블로터뉴스

국내 유명 포털의 어느 게시판에 '의수 제작이 가능할까요?'라는 글이 올라왔다. 35세의 프레스 기계 엔지니어가 사고로 두 손을 잃어 도움을 청하고 있었다. 시판되는 전자의수(전자 손) 한 쪽의 가격이 4,000만 원이나 하는 상황이라 구매는 엄두도 못 내고, 3D 프린터를 이용해 의수 제작이 가능한지 묻는 질문이었다.

안타까운 사연에 작은 도움이라도 될까 사람들이 힘을 보탰다. 모두 이런 의수제작에 경험이 있거나 전문가는 아니었지만, 전자 회로와 센서를 맡은 사람, 3D 모델링을 맡은 사람들이 모여 자신이 아는 분야에 집중하여 최대한 협업을 진행했다. 해외에서 의수 제작을 했던 동영상과 공유된 문서를 참고하고, 3D 프린팅과 아두이노를 이용해 불과 2주일 정도의 시간에 간단한 기능을 하는 의수를 만드는데 성공했다.[19]

이렇듯 거대한 공장이나 금형 틀을 가지고 제품을 찍지 않아도, 생각한 것을 손에 만질 수 있는 제품으로 탄생시킬 수 있는 시대가 되었다.

미국에서 처음 시작되어, 전세계적을 확산되고 있는 메이커 운동 (Maker Movement)이라는 것이 있다.

산업혁명 이후에 소비자라는 이름으로 자동화된 대량생산으로 소비만을 강요당했던 사람들이 만드는 즐거움, 공유하는 기쁨을 찾기 시작했다. 새로운 제조업 혁명이라고 평가 받고 있는 이 메이커 운동은 국내에서도 서서히 관심과 참여가 확대되고 있다.

메이커(Maker)란 스스로 필요한 것을 만드는 사람들을 의미한다. 자신이 만들어서 다른 사람과 공유하고, 다른 사람이 만든 방식을 참고하여 더 새로운 것을 창조하여 발전시키는 흐름까지 메이커 운동은 포괄하고 있다. 스마트 폰에 꽂아 쓸 수 있는 신용카드리더기 '스퀘어', 스마트 워치 '페블', 3D 프린터 '메이커봇'이 모두 메이커 운동의 성공적 케이스로 평가 받고 있다.

제품 제작이 디지털화되고 3D 프린터나 소프트웨어(CAD, 그래픽 디자인 SW)들의 가격이 저렴해져 이제는 일반인들도 쉽게 제작에 참여할 수 있게 되었다. 이런 기기나 SW의 변화뿐만 아니라, 오픈 소스 기반으로 제작 도면이나 노하우를 공유하거나 오프라인 제조공장(테크숍, 해커스페이스, 팹랩 등)에서 기구들을 저렴히 이용할 수 있는 등 협업하기에 좋은 환경이 된 것이 메이커 운동을 더욱 확산시키는 배경이 되고 있다.[20] 또한 시장의 제품화를 위해 크라우딩 펀딩[14)](Crowd funding)을 이용하여 불특정 다수의 투자자들에게 십시일반 방식으로 지원금을 받을 수 있다.

국내에서도 이런 메이커 운동에 대한 반응이 뜨겁다. "만들고, 배우고, 공유하라". 창의적인 아이디어를 진화시키고, 제품으로 만들어 볼 수 있도록 지원하는 한국형 메이커 스페이스로서 미래 창조과학부와 과학창의재단이 운영하는 '무한상상실'이 전국에 총 42개 운영 중이다. 무한상상실은 미국 MIT의 '팹랩(Fab Lab)', 실리콘밸리의 '테크숍(Tech Shop)'등을 벤치마킹한 것으로, 개인의 창의적 아이디어를 발전시켜 시제품이나 스토리로 실현할 수 있도록 지원하는 창작공간이다.[21]

---

14) 크라우드 펀딩: 소셜 네트워크 서비스를 이용해 소규모 후원이나 투자 등의 목적으로 인터넷과 같은 플랫폼을 통해 다수의 개인들로부터 자금을 모으는 행위. <출처: 위키백과>

<출처: www.ideaall.net >

국립과천과학관이 운영 중인 '무한상상실'의 3D 프린터 체험장 <출처: 블로터>

무한상상실은 창의적인 아이디어를 공방, 실험실에서 전문가의 지도하에 실험하고 시제품을 제작해 보는 실험공방형, 과학기술 기반의 스토리 또는 문화 콘텐츠 (영상물, UCC, 도서 등)를 제작할 수 있는 스토리텔링형, 상상력과 창의력을 기반으로 한 아이디어를 R&D성과로 이어질 수 있도록 과제화로 연계·발전 시킬 수 있도록 하는 아이디어클럽형 공간도 지원하고 있다.

무한상상실에서는 각종 프로그램에 대한 교육뿐 아니라 3D프린터나 레이저 커터와 같은 장비를 직접 다루어 볼 수 있다. 또한 아이디어만 있어도 그것을 제품으로 발전시킬 있는 다양한 방법들을 지원하고 있다. 무한상상실 외에도 개인이 디지털 제조를 할 수 있도록 돕는 개방형 소규모 작업장 팹랩(Fab Lab), 해커 스페이스, 팹카페, 테크숍 등도 전국에서 운영 중이다.

"지난 20여 년 동안 온라인의 역사는 혁신과 기업가 정신의 폭발을 이끌었다. 이제, 그것을 현실 세계에 적용하여 더 큰 결과를 창출할 시기가 도래했다. 기존 '공장(factory)'의 개념은 말 그대로 변화를 겪고 있다. 웹이 혁신의 민주화를 비트(bit) 수준으로 달성한 것과 같이, 3D 프린터에서 레이저 커터(cutter)에 이르는 '재빠른 시제품 제작' 기술들을 사용하는 새로운 계층이 혁신을 이제 원자 수준의 민주화로 이끌고 있다. 지난 20여 년이 놀라움의 연속이었는가? 앞으로의 세계는 그 놀라움 수준의 이상이 될 것이다!"

- 롱테일 법칙의 창시자, 크리스 앤더슨(Chris Anderson)

상상이 현실이 되는 창조의 시대. 그 변화의 중심에 SW가 있다. 아이가 재미있지도 않은 방귀 게임을 만들고, 팔릴 것 같지 않은 팽이를 SW로 시뮬레이션하고, 예쁘지도 않은 그림으로 디지털 스토리를 만들고 있다면, 아이는 자신의 상상을 만질 수 있고 느낄 수 있는 무언가로 꺼내는 연습을 하는 것이다. SW가 가져올 미래의 가능성 한가운데서 성공(Success)만을 위해서가 아니라, 다시 시도(Try again)을 통해 관점(Perspective)를 배우며 SW 코딩을 즐기기 바란다. 머리 속에만 있던 생각을 하나하나 구체적인 코드의 조각들을 찾아 SW 코딩으로 만들었듯이, 우리 아이들이 자신의 인생을, 자신의 꿈을 하나씩 코딩해 나갈 수 있기를 기대해 본다.

"모두가 소프트웨어 프로그래머가 되어야 하는 것은 아니다. 그러나 모두에게 소프트웨어 코딩의 재미와 가치를 느낄 권리는 있다."

365StoryMom 박은정

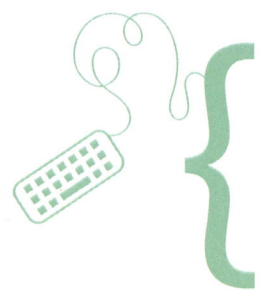

도와주세요. 우리 아이 SW 교육

최근 SW 교육에 대한 관심이 높아지면서 네이버의 '소프트웨어 야 놀자'나 삼성의 주니어 소프트웨어 아카데미, SW 교육 오프라 인 행사 등이 열리고 있다. SW 교육 행사에 참석한 학생의 엄마 도, 참석하지 못한 학생의 엄마도 궁금한 것이 많다. 이런 질문들 을 모아서 '만일 내 아이의 경우라면 나는 어떻게 할까?' 생각해 보 고 의견을 정리해 보았다. 정답은 없다. 다만 의견이 있을 뿐이다.

Q A

1. 우리 아이가 SW 교육 행사에 참석해서 스크래치로 프로그램도 작성
   하고 많이 흥미를 느꼈습니다. 그런데 행사가 끝나고, 아이는 흥미 있
   어 하는데 뭘 어떻게 이끌어줘야 할까요?

→→→

아이가 스크래치로 SW 코딩 하는 것에 흥미를 느꼈다니 다행입니다.

현재 학교의 교과과목으로 정식 교육이 시작되지 않는 시점이라 다음

단계로의 교육이 체계적으로 잡힌 것은 없습니다. 대략 3가지 정도의

접근이 가능하리라 봅니다.

첫째, 국내 스크래치 커뮤니티 사이트에서 활동합니다.

또래들과 공통 관심사를 가지고, 함께 프로그래밍 해보면서 SW 코딩에

대한 관심도를 높여나갈 수 있습니다. 스크래치에 스튜디오를 만들고,

또래들을 큐레이터로 초대해 함께 활동도 해 볼 수 있습니다.

국내 스크래치 책들도 여러 권 나와있으니 참고하면 좋을 것 같습니다.

이 책의 Chapter 5 '제대로 SW를 교육하려면-이야기를 가지고 놀자'에

소개된 것처럼 기존의 동화나 이야기를 가지고 바꾸거나, 주인공이 되

어 문제 해결을 하며 말 그대로 이야기를 가지고 놀게 해보세요. 하나

하나 만들 때마다 칭찬도 많이 해주시고요.

둘째, Code.org를 이용해 봅니다.

Code.org에 각 과정을 들어 보는 것도 좋고, 언플러그드 활동을 가족

과 함께 해보는 것도 좋을 것 같습니다. Code.org에 한글로 번역된 것

도 많이 있으니까요. 더불어 엔트리봇과 같은 보드게임도 함께 이용해

보면 좋을 것 같습니다.

셋째, 피지컬 컴퓨팅 도구를 이용합니다.

기계적 하드웨어 보드에 관심이 있다면, 아두이노나 피코보드를 이용

하는 피지컬 컴퓨팅의 다양한 도구들을 이용해 봐도 좋을 것 같습니다. 남자 아이의 경우 로봇 같은 것에 흥미를 보이기도 하니까요.

2. SW 교육 행사에 아이와 참석해 봤습니다. 그런데 내용도 잘 따라가지 못하고 아이가 흥미를 느끼지 못합니다. 우리 아이만 컴퓨팅적 사고가 떨어지는 건 아닌지 걱정도 되고, 아이가 SW 코딩에 계속 흥미를 못 느끼면 어떻게 하나요?

아이에 특성에 따라 SW 교육에 흥미를 느낄 수도, 못 느낄 수도 있습니다. 너무 조급하게 생각하지 않으셔도 됩니다. SW 교육 행사에 참여하는 목적은 아이에게 SW에 대한 좋은 기억을 심어주는 것입니다. Code.org나 엔트리(Entry) 사이트에서 아주 쉬운 것부터 놀이로 그냥 느끼게 해주세요. 엄마가 어느날 Code.org에서 앵그리버드로 녹색돼지를 잡고 있으면, 그게 뭐냐고 물어보며 관심을 보이지 않을까요? 누가 먼저 20단계까지 달성하나 시합을 해 볼 수도 있고요. 그냥 새로운 놀이다. 디지털로 된 레고 블록이다. 편하게 생각하게 해보세요.

3. 제가 사는 지역은 지방 소도시입니다. 막상 SW 교육 행사를 받고 싶어도, 학교에서 신청을 해야 하는 것이라 어렵네요. 그렇다고 근처 도시로 매번 나가 참여하기도 어렵고 뭔가 방법이 없을까요?

SW 교육 행사를 참가하지 못해도 온라인 상으로 이용할 수 있는 것이 많이 있습니다. 엔트리(Entry) 사이트에 가시면 각 단계별로 동영상 강의들이 모두 제공되고 있습니다. 또한 Code.org나 엔트리 사이트에서 미션수행 방식으로 게임 하듯이 프로그래밍을 배울 수 있으니 충분히 이용하실 수 있습니다.

4. 아이가 SW에 관심을 많이 보이며 마이스터고등학교에 진학을 희망하고 있습니다. 그런데 SW 프로그래머가 월급도 적고, 근무환경도 힘들다는 인터넷 글을 읽고 진학을 망설이고 있습니다. 아이에게 어떻게 말해 주어야 하나요?

→→→

아이가 정말 SW 프로그래밍을 재미있어 하나요? 하루 종일 해도 좋을
만큼 재미있어 한다면, 그냥 좋아하는 거 하라고 말해주세요. SW 업
체 중에는 좋은 곳도 있고 열악한 곳도 있습니다. 세상에 양지도 있고
음지도 있잖아요. 그리고 음지가 항상 음지도 아니고요. 벌써부터 고
민하지 않아도 됩니다. 자신이 실력을 쌓아서 좋은 곳에 가면 되니까
요. 자신이 좋은 기술과 능력, 그리고 열정까지 가지고 있으면 오라는
곳, 정말 많습니다.

5. 마이스터고등학교 3학년에 올라가는 아이를 둔 아빠입니다. SW에 대
　한 관심도 남다르고, 자기가 하고 싶은 것도 많이 있다고 의욕에 넘쳐
　서 자신도 창업을 해보고 싶다고 합니다. 부모 된 마음에 그래도 대학
　을 보내고도 싶은데, 어떻게 아이와 얘기해야 할까요?

→→→

청년 창업, 멋진 걸요. 그런 패기와 열정이 있다니 정말 부럽습니다. 창
업을 위한 아이템이나 아이디어가 있다면, 창업지원센터나 Startup을
지원해 주는 곳에 아이와 먼저 가보세요. 거기서 정말 창업을 한 사람
들도 만날 수 있고, 창업에 필요한 여러 가지 지원을 해주는 멘토들을

만날 수 있으니까요.

그런데, 대학을 진학해서 창업을 하는 것도 하나의 방법이 되지 않을까요? 대학에서 여러 가지 SW 관련 분야도 배우고, 같은 고민을 하는 선배나 후배들도 만날 수 있고, 혼자서 창업을 하는 것보다 뜻 맞는 사람들도 모을 수 있고요. 빌 게이츠도 대학을 다니다 창업을 한 케이스이니…… 오우, 그럼 한국의 빌 게이츠가 나오는 건가요?

6. 6살 아이를 둔 엄마입니다. 요즘 SW 교육에 관심을 갖고 있는 학부모입니다. 하지만 SW 교육 행사들이 모두 초등학생 이상을 대상으로 하고, 유아들을 대상으로 하는 행사는 없는 것 같습니다. 외국에 사는 또래 사촌은 SW 캠프도 참석하고 한다는데, 뭔가 해볼 수 있는 게 없을까요?

→→→

저희 아들도 6살인데 반갑습니다. 6살이면 뭘 해도 이른 나이입니다. 그렇지만 재미 삼아 자연스럽게 아이에게 접하는 기회를 주는 건 나쁘지 않을 듯 합니다.

저는 아이패드용 스크래치 주니어(ScratchJr)를 내려 받아 아이에게 해보게 하고 있습니다. 아이는 그냥 게임처럼 느끼는 듯 했습니다. 그런데 가장 재미있어 하는 것이 스크래치로 이야기를 만들거나 게임을 만드는 것이 아니라…… 마이크에 녹음해서 나오는 자기 목소리. 그게 그리 신기해서 30분을 "아아아~"거리며 온갖 괴성을 질러대더군요. Code.org의 앵그리버드와 엘사를 좋아하지만 역시 오랫동안 집중하는 힘이 없어서 오래는 못합니다. 관심이 있으면 가끔 보여주시고, 그림책을 더 읽어주는 것이 좋을 것 같습니다.

interview

미국 현지에서 본 SW 교육

시카고 아르곤 국립 연구소 **조선환** 박사

국내 SW 교육 캠프

소프트웨어교육연구소 **송상수** 대표

미국 현지에서 본 SW 교육

시카고 아르곤 국립 연구소 조선환 박사

시카고 아르곤 국립 연구소(Argonne National Laboratory)에서 분자 생물학 박사로 근무하고 있는 조선환 님. 10살 딸, 8살 아들을 둔 아빠

 지금 미국에서 하고 계신 일은 무엇인가요?

→→→ 제가 지금 하고 있는 일은 분자 생물학을 연구하는 일입니다. 분자 생물학은 생명체나 생명 현상들이 어떻게 해서 일어나는지를 분자 수준에서 이해하고자 하는 학문입니다. 분자 생물학 아래에는 여러 가지 다양한 분야가 있는데요, 그중에서도 저는 컴퓨터 시뮬레이션을 이용해서 단백질들이 어떻게 서로 상호작용을 하는지를 연구하고 있습니다.

옆의 그림은 동료들과 함께 사용하는 슈퍼컴퓨터입니다. 대략 5만 대의 컴퓨터가 들어있고, 80만 개의 코어가 있습니다. 이런 컴퓨터를 이용해서 실험에서는 보기 힘든 상황들을 컴퓨터에서

재현하여 어떤 방식으로 단백질들이 작동하는지를 살펴 보는 것이 주요한 연구주제입니다.

🎙 SW 코딩을 본인의 연구를 위해 어떻게 활용하시나요?

→→→ 코딩은 연구의 중요한 일부분입니다. 크게 두 가지 방식으로 코딩을 사용하는데요, 첫 번째로는 컴퓨터 시뮬레이션에서 생산되는 자료들을 분석하기 위해서 사용합니다. 일반적으로 '시계열 분석'이라고 알고 계시는 분석방법을 많이 사용하는데요, 시뮬레이션을 시간대별로 따라가면서 어떤 현상들이 일어나고 있는지를 분석합니다. 다만, 시뮬레이션에서 만들어지는 자료들은 개별 원자들의 3차원 좌표이기 때문에, 이런 좌표들을 여러 가지 통계나 수학적인 방법론을 이용해서 의미 있는 계량수치로 만들기 위해 코딩을 사용합니다. 두 번째는 연구를 진행하다가 기존의 소프트웨어로는 재현하기 힘든 경우들이 생기는데요. 이럴 때 코딩을 이용해서 기존 시뮬레이션 소프트웨어에 기능을 추가하거나, 아예 새로운 소프트웨어를 만드는 방식으로도 코딩을 사용합니다.

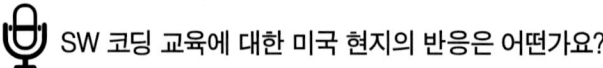

SW 코딩 교육에 대한 미국 현지의 반응은 어떤가요?

→→→ 코딩 교육에 대한 일반인들의 관심이 많습니다. 주변에서 여러 가지 코딩을 주제로 한 캠프나 강좌가 어린 학생들 또는 일반인들을 대상으로 해서 많이 만들어지고 있습니다. 일반인을 대상으로 한 코딩 모임에 저도 참석해 보니, 전혀 코딩 경험이 없는 분들도 많이 참여하고 있었습니다.

학교 교과과정에서도 코딩을 정규 과정에 편입시키거나, 아니면 컴퓨터 언어 교과를 이수하면 필수 외국어 수업을 면제해준다거나 하는 방식으로 일선 학교에서 코딩 교육을 장려하고 있는 것으로 압니다.

또, 코딩 교육에 대한 관심이 늘어난 것이 최근이기 때문에 어떻게 하면 효과적으로 코딩을 가르칠 것인지에 대한 논의가 활발하게 일어나고 있습니다.

SW 코딩 교육에 대해 부모로서의 의견은 어떤가요?

→→→ 두 아이의 부모로서 아이들에게 코딩을 잘 가르치고 싶습니다. 가장 고민이 되는 것은 어떻게 하면 아이들이 흥미를 느끼며 재미있게 코딩을 배울 수 있을까 하는 것입니다. 현재까지는 Scratch 등의 앱을 이용해서 몇 가지 간단한 애니메이션들을 같이

만들어 보았고, Khan academy에 올라와 있는 프로그래밍 강좌/비디오들도 같이 시청했습니다. 아이들을 대상으로 한 Python 프로그래밍 책도 구매하여 같이 읽어보았지만, 아직은 8살, 10살인 아이들이 많이 흥미 있어 하지는 않아서 다른 방법을 시도하고 있습니다. 최근에는 Minecraft라는 게임을 같이 플레이 하면서 게임 안에 있는 스크립팅 기능을 이용해서 새로운 블록을 만든다든지 하는 방식으로 흥미를 유도해 보려고 시도하고 있습니다.

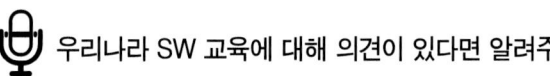 우리나라 SW 교육에 대해 의견이 있다면 알려주세요.

→→→ 컴퓨터 언어는 실제 언어와 유사한 점이 많다고 생각합니다. 저는 학교를 다니면서 교과과정에서 외국어를 배울 때, 문법 위주의 외국어 수업이어서 흥미를 느끼기 어려웠습니다. 실제 언어를 사용해볼 수 있는 기회도 적어 외국어 교육이 효과적이지 못 했다고 생각합니다. SW 코딩 교육도 마찬가지로 문법을 많이 안다고 실제 소프트웨어를 만들 수 있는 것이 아니기 때문에, 학생 개개인이 흥미와 재미를 느낄 수 있도록 실제로 만들고 사용해볼 수 있는 교육이 필요하다고 생각합니다.

코딩에서 중요한 것은 문법을 익히는 것보다도 구조적인 사고를 할 수 있고 문제를 해결할 수 있는 능력을 키우는 것이라고 생각하니다. 코딩/컴퓨터 언어가 단지 또 하나의 시험 성적으로 여겨지지 않고, 아이들이 즐겁게 배울 수 있는 환경이 조성되길 바라봅니다. 더불어 이런 교육을 지도할 수 있는 선생님들의 양성 또한 중요하다고 생각합니다.

국내 SW 교육 캠프

소프트웨어교육연구소 **송상수** 대표

초등학교 교사 출신으로, 현장감 있고 재미있는 소프트웨어 교육을 위해 소프트웨어
교육 연구소 대표로 활동 중

🎤 학생들을 대상으로 SW 교육을 진행해 오셨는데, SW 교육을 처
음 접하는 학생들의 반응은 어떤가요?

→→→ 저는 교사 시절에도 저희 반 아이들을 대상으로 SW 수
업을 진행했습니다. 또 소프트웨어 교육 연구소에서 초·중학생 500
여 명 정도에게 교육을 해 왔습니다. 수업을 하면 학생들이 여러 가
지 반응을 보입니다. 저는 학생들의 유형을 다음과 같이 나누어 보
았습니다.

1) 중간에 포기하는 학생: SW도 수학과 같아서 앞에서 하나를 놓
치면 뒷부분을 따라가기 힘든 편입니다. 보통 선생님은 중간 수준의
학생을 대상으로 수업을 진행하는데 한 번, 두 번 흐름을 놓치면 아
예 포기하는 학생들이 있습니다. 이런 학생들은 수업이 매우 어렵

고 재미없다고 말합니다.

2) 무난하게 잘 따라오는 학생: 선생님의 수업을 따라 한 단계씩 그대로 하는 학생들이 있습니다. 보통 여학생들이 이런 유형에 많이 속합니다. 이런 유형의 학생은 힘들지만 재미있었다고 말합니다.

3) 중간에 다른 길로 빠지는 학생: 2) 유형의 몇몇 여학생들은 '캐릭터', '그림'과 관련된 것이 나오면 그것을 그림판으로 꾸미다가 강의의 흐름을 놓쳐서 1)로 가는 경우가 있습니다. 물론 많은 수의 학생이 2)로 다시 돌아오게 됩니다.

4) 앞서 나가는 학생: 원리를 빨리 깨우쳐서 선생님보다 앞서서 이것저것 다양한 시도를 해보는 학생들이 있습니다. 몇몇 남학생들이 이런 유형에 많이 속합니다. 이런 학생들에게는 조금 더 어려운 과제들을 주는 것이 좋습니다. 재미있어서 혼자 더 해보고 싶다고 말하는 유형입니다. 또 '~것을 하고 싶은데 ~은 어떻게 하나요?'라는 질문을 많이 합니다. 보통 수업에 매우 만족하는 편이며, 추가 과제를 내주지 않을 경우 지루해 하는 경우도 있습니다.

한 수업을 진행할 때 1~4 유형의 모든 학생들이 존재하기 때문에 모두를 만족시키는 것이 쉽지는 않습니다. 이런 수준별 학습은 오래 전부터 이야기된 교육의 딜레마입니다. 모두가 즐거울 수 있는 SW 교육을 위해선 SW 기술이 필요하다고 보고 이것을 연구하고 있습니다.

'SW 교육이 공교육에 본격 도입되고 수능과 연계가 된다면, 사교육(학원에서 진행하는 SW 선행학습)을 시켜야 하나?'라는 학부모들의 걱정에 대해 어떻게 생각하시나요?

→→→ SW 교육의 대목적은 컴퓨팅 사고력의 향상입니다. 하지만 SW 교육의 목적에는 '자신이 상상만 했던 것들을 직접 만들어 보는 즐거운 경험'도 포함되어 있습니다. 저는 개인적으로 SW 교육이 수능 필수과목으로 연계가 되었을 때 무조건 따라하기, 외우기식으로 학습해야 하는, 재미없는 수능대비용 과목이 될까 걱정되기도 합니다. 또, 많은 학부모님께서 우려하시는 SW 선행학습이 나와서 학생들과 학부모들에게 또 하나의 짐이 될까 염려됩니다.

그러나 SW 교육이 수능 필수과목으로 검토되고 있지는 않기 때문에 벌써부터 걱정하지 않으셔도 될 것 같습니다. 과학의 선택영역으로 도입될 수는 있다고 봅니다. 이때에는 관심이 있는 학생들이 선택해서 공부한다면 크게 문제가 되지 않을 것 같습니다.

 SW 교육을 위해 중요한 것인 교사 양성인데, 현재 국내의 교사 양성 상황은 어떤가요?

→→→ 요즘은 우리나라에서도 교사인력 양성에 많은 신경을

쓰고 있습니다. 최근 미래창조과학부에서도 100여 명의 교사들을 대상으로 'SW 교육 직무연수'를 진행했습니다. 교육청 단위에서도 SW 교육 연수가 진행되고 있습니다. 2월 말에는 교육부에서 'SW 교육 연구학교' 교사들을 대상으로 연수가 진행됩니다.

민간에서는 '네이버'나 '삼성'과 같은 기업에서 올해부터 교사를 대상으로 한 SW 교육 연수를 본격적으로 실시합니다.

🎙️ SW 교육으로 진행되는 스크래치나 아두이노, 엔트리 등이 단순히 새롭고, 신기한 교육 도구라고 인식하는 수준을 넘어, 좀 더 창의적인 컴퓨팅적 사고(Computational Thinking)를 키워주기 위해 중요하게 생각해야 하는 것은 무엇일까요?

→→→ SW 교육에서 프로그래밍은 매우 중요한 요소입니다. 그다음으로는 프로그래밍이 융합적인 사고와 활동으로 이어져야 합니다. 하지만 프로그래밍 능력을 기르는 것도 쉽지 않습니다. 보통의 수업에서는 교육 도구의 사용법을 배우고 그저 따라하기 식으로 수업이 진행될 때도 많습니다. 내가 상상한 것들을 어떤 방식으로 표현할 수 있는지, 그 원리를 이해하고 탐구하는 수업들이 많아져야 하겠습니다. 그러기 위해서는 이런 수업을 감당할 수 있는 역량 있는 교사 양성이 뒷받침 되어야겠지요.

그 다음 단계는 자신의 생활, 관심 있는 영역과 SW를 연결하는 훈련이 필요합니다. 전혀 연관성이 없어 보이는 것들과도 SW를 연결해보는 훈련이 필요합니다. 미술과 SW, 예술과 SW, 일상생활과 SW, 직업과 SW 등 다양한 영역을 넘나들며 상상하고 만들어보는 경험을 해야지만 창의적인 SW를 만들어 낼 수 있습니다.

🎙️ SW 교육을 앞서 고민하는 사람으로서, 학부모들에게 SW 교육에 대해 하고 싶은 말씀이 있는지요?

→→→ 학습의 효과는 자신이 즐겁고 좋아하는 것을 할 때 가장 높다는 연구결과처럼 입시와 성적을 위한 교육이 아닌, 학생들이 즐겁게 놀면서 SW를 배울 수 있도록 환경을 만들어 주셔야 합니다. 또 학생들은 SW라는 도구를 통해 다양한 영역을 넘나들며 상상하고 배우게 됩니다. 즐겁게 상상하고, 배우고, 즐기고, 자랑할 수 있도록 옆에서 응원해주시면 좋겠습니다.

엄마, SW 코딩 교육의 중심을 잡다

SW 코딩 교육이라는 새로운 교육 패러다임이 등장했다. '새로운 교육이니, 남들 다 하는 것이니 무조건 시켜야 한다'가 아니다. 나는 엄마로서 중심을 잡아야 한다. 이 교육이 무엇을 의미하는지, 왜 교육하는 것인지, 정말 제대로 교육하기 위해 무엇이 필요한지 생각해 보아야 한다.

디지털 네이티브로 살아갈 내 아이가 SW 코딩 교육을 통해 머릿속 상상의 공작소에서 아이디어를 하나씩 꺼내기 바란다. 그리고 다른 사람들과의 소통을 통해 아이디어를 더 나은 생각으로 발전시켜 나가며 새로운 가치를 만들어 낼 수 있기를 소망한다. 하나하나 구체적인 코드의 조각들을 찾아 머릿속에만 있던 생각을 SW 코딩으로 만들었듯이 우리 아이들이 자신의 인생을, 자신의 꿈을 하나씩 코딩해 나갈 수 있기를 기대해 본다.

책을 마무리 하려는 이 시점에도 새로운 SW 교육에 대한 소식과 도구의 정보들이 쏟아진다. 난해한 개념의 홍수, 생경한 도구의 현란함 속에 매몰되지 않고, SW 코딩 교육이 나가야 할 방향과 그 근본을 어디에 두어야 할지 이 시점에서 꼭 생각해야 하기에 용기를 내어 본다.

'용기', 평범한 엄마가 책 한 권을 쓰기까지 필요한 것은 해박한 지식이나 방대한 정보가 아니라 내가 얻을 것을 다른 사람과 공유해야겠다는 바로 그 용기였다. 창의력이 샘솟는 다양성의 문화를 만들기 위해서 가장 필요한 것은 바로 자신의 생각을 표현하는 용기가 아닐까? 그런 의미에서 나의 부족한 글이 다양성의 문화에 작은 기여를 했다고 위로하며 글을 마무리 하고 싶다.

참고 문헌

1. 월스트리트 저널의 기사 〈Why Software Is Eating The World〉 by Marc Andreessen.

2. Noah Reding, "엔지니어에 의한 자동차의 재탄생", 〈Instrumentation 뉴스레터, 2013년 1분기호〉, http://www.ni.com/newsletter/51684/ko/

3. 윤종록, 〈월간과학창의, 2014.2월호〉, p. 5.

4. "구글 한영번역, 일본어 거치면 더 정확한 까닭", 〈블로터뉴스〉, 2013년 2월 24일, http://www.bloter.net/archives/144863.

5. 이지선·김지수, 《디지털 네이티브 스토리》, 리더스하우스, 2011.

6. J.M. Wing, 《Computational Thinking》, CACM viewpoint, vol. 49 no. 3, March 2006, pp. 33-35.

7. 조향숙, 〈월간과학창의, 2014.2월호〉, p. 12.

8. Yadav, Aman. "Computational Thinking and 21st Century Problem Solving." (2011).

9. 이영준, 〈월간과학창의, 2014.2월호〉, "Computational Thinking 교육의 의미와 중요성", p.10.

10. 한국교육과정평가원, "핵심역량 함양을 위한 미래 국가 교육과정 탐색 워크숍-제1주제 미래 사회 변화에 따른 교육의 방향 탐색", 2010년 8월 31일.

11. 김현철, "초·중등 SW/정보 교육의 현황과 문제점".

12. CSTA K-12 Computer Science Standards(2011) : 미국 컴퓨터과학 교사 협회의 컴퓨터 과학교육 기준안.

13. 한국인터넷진흥원, "글로벌 소프트웨어 교육현황 및 교육 도구 동향", 2014년 9월.

14. "영국, 모든 학교에 3D프린터 커리큘럼 추가", 〈전자신문〉, 2014년 6월 16일, 제 12면.

15. 교육부, "소프트웨어 교육 운영 지침", 2015년 2월, http://www.srook.net/nemo/SrookViewer.aspx?author=kfcman&key=635603134593310000

16. 소프트웨어 교육 연구소의 〈SW 교육 방법과 각종 자료들〉 항목에서 발췌.

17. 허종욱, "한국 학생들은 왜 불행할까", 〈중앙일보〉.

18. 임정욱, "한국인과 창의력 키우기", 〈한겨레〉, http://www.hani.co.kr/arti/opinion/column/629589.html

19. "의수 제작 가능할까요? - 3D프린팅 전자 의수 제작기", 〈슬로우 뉴스〉, 2015년 1월 27일, http://slownews.kr/36806

20. 한국전자통신연구원, "한·미 양국의 ICT기반 메이커 운동의 현황 비교·분석"

21. "미래부, 메이커 창작공간 '무한상상실' 전국으로 확대한다", 〈미디어잇〉, 2015년 3월 24일, http://www.it.co.kr/news/article.html?no=2797696